実践現場から学ぶソフトウェア開発の勘所　トップエスイー入門講座 1

実践的ソフトウェア工学

Practical Software Engineering

第2版

2nd Edition

シリーズ監修
国立情報学研究所
トップエスイープロジェクト
リーダー 本位田 真一

監修：石田晴久
著者：浅井 治

◆ 読者の皆さまへ ◆

平素より，小社の出版物をご愛読くださいまして，まことに有り難うございます．

㈱近代科学社は1959年の創立以来，微力ながら出版の立場から科学・工学の発展に寄与すべく尽力してきております．それも，ひとえに皆さまの温かいご支援があってのものと存じ，ここに衷心より御礼申し上げます．

なお，小社では，全出版物に対してHCD（人間中心設計）のコンセプトに基づき，そのユーザビリティを追求しております．本書を通じまして何かお気づきの事柄がございましたら，ぜひ以下の「お問合せ先」までご一報くださいますよう，お願いいたします．

お問合せ先：reader@kindaikagaku.co.jp

なお，本書の制作には，以下が各プロセスに関与いたしました：

- 企画：山口幸治，高山哲司
- 編集：高山哲司，安原悦子
- 組版：加藤文明社（InDesign）
- 印刷：加藤文明社
- 製本：加藤文明社
- 資材管理：加藤文明社
- カバー・表紙デザイン：tplot Inc. 中沢岳志
- 広報宣伝・営業：山口幸治，東條風太

本書に記載されている会社名・製品名等は，一般に各社の登録商標または商標です．本文中の©，®，™等の表示は省略しています．

- 本書の複製権・翻訳権・譲渡権は株式会社近代科学社が保有します．
- JCOPY〈(社)出版者著作権管理機構 委託出版物〉
  本書の無断複写は著作権法上での例外を除き禁じられています．
  複写される場合は，そのつど事前に(社)出版者著作権管理機構
  （https://www.jcopy.or.jp，e-mail: info@jcopy.or.jp）の許諾を得てください．

シリーズまえがき

トップエスイーシリーズとは

　昨今，ソフトウェアシステムの不具合による大きな社会問題が続出している．その結果，ソフトウェアシステムの持つ脆弱さが浮き彫りになり，ソフトウェアシステムこそが情報化社会におけるリスクであるという認識が広く浸透した．また，開発すべきソフトウェアシステムも年々，大規模化，複雑化，高度化，多様化の一途をたどっている．こうした流れの中で，不具合のない高品質なソフトウェアシステムを開発するためには，開発にかかわるさまざまな人材のスキルの高さ，成熟した開発組織，整備された方法論や道具などの要素が要求される．いずれの要素も重要であるが，特に人材のスキル開発こそが今後の我が国のソフトウェア産業を左右すると言っても過言ではない．その結果，情報系学科，大学院教育へのソフトウェア産業界からの期待もますます高まっている．

　しかしながら，現時点においては，必ずしもその期待に十分に応えられているとはいえない．その要因の一つはソフトウェア工学分野における日本国内の大学教育の状況として，「実践がない」という課題の存在である．より具体的には，ソフトウェアの実問題を基礎とした良い教材が揃っているわけではなく，実問題からは遊離した問題（トイプロブレム）で教育や研究を行いがちであるといえる．また，ソフトウェア工学に関する日本語による良書も少なくないが，体系的なシリーズはほとんど存在していない．

　そこで，以上を踏まえて，「実問題」を題材とし，ソフトウェア科学を基礎としたソフトウェアツール・手法の手引きとして，本シリーズを発刊するに至った．本シリーズは，トップエスイー実践講座，基礎講座，入門講座の3つの講座から構成されている．それぞれの位置づけを次に示す．

トップエスイー実践講座

　企業のソフトウェア技術者そして大学院生を対象として，世界的にも最高レベルの教材を提供している．ソフトウェア技術者として最も重要なスキルであるモデリング能力を身につけさせることを念頭に置いている．

トップエスイー基礎講座

　企業の経験の少ない技術者あるいは大学高学年生を対象として，トップエスイー実践講座に準ずるレベルの教材を提供している．ソフトウェア工学のさまざまなテーマをじっくりと深掘りしている．トップエスイー実践講座を山頂とするならば，その山頂に至るさまざまな登山口を用意している．

トップエスイー入門講座

　これから企業でソフトウェアの道をめざす人あるいは大学1，2年生を対象として，ソフトウェア工学に関するさまざまな話題を取り上げる．ソフトウェア工学へのファーストコンタクトとして興味のあるテーマを選択してほしい．そして，基礎講座，やがてはトップエスイー実践講座へ進むことを期待している．

シリーズの特徴

　本シリーズの特徴を類書との大きな違いの観点で述べておく．

- ソフトウェア科学の知識をいかにソフトウェア開発現場に持ち込むことができるかの観点で論じている．
- これまでの多くの書籍が「知識の伝達」にとどまっているのに対して，本シリーズは，「知識をいかに現実の問題に適用するか」のいわゆるノウハウを系統的に論じている．
- 世界的にも最先端のツール・手法のみを扱っている．
- 今後2，3年先に，顕在化することが予想される実問題を題材としている．

　また，本シリーズの特徴として，支援 Web サイトと協力しながら，読者に向けた情報提供を充実させていく予定である．詳しくは下記の Web サイトでお知らせしたい．
　http://www.kindaikagaku.co.jp/topse/index.htm

国立情報学研究所／トップエスイーの活動

　なお，国立情報学研究所は平成16年度からの5年間，文部科学省の科学技術振興調整費の支援を受け，トップレベルのソフトウェア技術者の育成を目指した「トップエスイー：サイエンスによる知的ものづくり教育」をスタートさせている．トップエスイーの教育理念を述べるならば，「計算機科学の知識を有する受講生を対象として，ソフトウェアシステムの背後にある本質を把握し，モデルとして具体的に記述・表現し，理論的基盤に基づいて体系的に分析・洗練化を行うことにより，高品質なソフトウェアシステムを効率的に開発できるスキルの開発」である．その理念の実現のために，産業界，大学，国研と密接に連携し，カリキュラム開発，講座開発，教育，そして教材の普及活動など精力的に進めている．本シリーズのトップエスイー実践講座はここでの活動の成果であることを付記しておく．

　最後に，本シリーズの刊行にあたって，産学からの多大な協力により実現に至ったことにお礼申し上げる．

国立情報学研究所
トップエスイープロジェクト
本位田真一

監修者まえがき

この本のテーマについて

　本シリーズは，広い意味でのソフトウェア工学の実践的な指南書である．

　ソフトウェアについては，以前から，次のような疑問が提起されてきた：ソフトウェアの中には，素人ユーザには使いにくいものが，かなりあるが，使いやすいソフトウェアはなぜ作れないのか？ ソフトウェアにはバグ（やセキュリティ・ホール）がつきものだが，プロの専門家が開発しているのに，バグのないソフトウェアがなぜ作れないのか？ ソフトウェアの開発には，膨大な金がかかるのはなぜか？ ソフトウェアをもっと速く安く作る方法はないのか？ ソフトウェアを（半）自動的に作ることはできないか？

　こうした疑問に答えて，ソフトウェアの効率的な開発方法を編み出すというのが，ソフトウェア工学の目的だと私は考えている．しかし，これは，明らかに難問であり，研究開発は，1970年代から熱心に行われているのに，上記のような問題はまだ解決されているとはいいがたいが，ソフトウェア工学は，徐々には成果をあげてきている．

　本シリーズを見渡すと分かるように，この学問はそれだけ複雑多岐になっている．こうなると，ソフトウェア工学を学ぶのは，なかなか大変であり，全体を俯瞰できるいい入門書が必要になる．本書はまさにその役割を果たすべく登場した．

本書の著者の浅井さんについて

　本書の誕生は，サイバー大学で提供することになった「ソフトウェア工学」という科目の内容をどうするか，という相談を，同大学の戸川隼人教授と私が浅井さんに持ちかけたのがきっかけである．浅井さんは，前に日立製作所の関連会社におられて，ソフトウェア工学のいろいろな方法論を現場で実践された経験を持っておられたからである．驚いたことに，「それなら，ソフトウェア工学をこれから勉強しようという学生さんにどんなことを知ってもらいたいかを，私が書いてみます」ということで，浅井さんが素早く初稿を書いてくれた．

この原稿をみて，これはいいというので，戸川さんと私とで，近代科学社の小山さんに出版の話を持ち込み，了解をえた．一方，この動きとは別に，浅井さんは，旧知の本位田真一教授（本シリーズの監修者）に出版の相談をされた．その結果，本書は，本シリーズの入門書としてちょうどよい，ということになって，本書の出版が決まったのである．

本書の特徴

　本書の特徴は，読者がソフトウェア工学の基礎的な概念を学び，開発の現場でそれを「実践的」に使えるようにすることにある．私が本書の監修にあたって，浅井さんに本文および「Coffee Break」というコラムで加筆をお願いしたのは，次の3点である．

- ソフトウェアの「使い勝手のよさ」を向上させる方法とその評価法
- OSS（open source software）のこと
- 外国への開発発注と外人技術者とのコラボレーション

　本書がソフトウェア工学を学ぶ方々のお役に立つことを願ってやまない．

石田晴久

第2版のまえがき

　第2版の改訂にあたり，特に注視したポイントは，初版からの時間の経過である．
　ご存知のように時代は急速に進展しつつあり，10年前には，クラウド，AI，ロボティックスなどの基本的な概念は存在したものの，研究開発レベルであり，今日のような実用的なレベルではなかった．これらの今日的な新しい技術要素に対峙するとき，ソフトウェア工学の領域では，従前の技術のすべてを否定し，改版するものではなく，技術が新しくなったとしても，そのまま流用し適応できる部分もある．ソフトウェア工学をこのように捉えていただきたい．
　では，ソフトウェア工学の観点で，昨今の動向を捉えてみよう．

- アジャイル開発と，POC
- 高度化したUI/UXと，アーンドメディアの重要性
- 肥大化しブラックボックス化したシステムのマネジメント
- IoT，M2M分野での組込み型の開発とテスト工程
- 利用者を基軸とした品質の概念

　例えば，アジャイル開発について考えてみよう．ソフトウェアやシステムの開発のプロセスとして，従前のウォーターフォール型の開発手順のデメリットが見直され，スパイラルやアジャイル型の開発に移行しつつある．これは，不確実性が高くなったことに対する対応が求められるためだが，アジャイル型を採用してシステム開発に取りかかることは，ウォーターフォール型の概念や考えを否定しているわけではない．むしろ，従前の技術を新しい環境や取組みの中に取り入れ，適合させて使っていることもある．ミクロな視点に立てば，計画を立てて実施する部分は，アジャイル開発でも踏襲されていることもあるだろう．このように，新しい技術に触れるとき，時代に左右されない恒久的な技術の重要さを再認識することもある．いわば「温故知新」である．
　恒久的な知識や概念は，「錆びない」技術スキルとも言えるだろう．このような技術スキルを身に付けることで，時代に左右されない真のエンジニアを目指していただきたい．

浅井　治

初版のまえがき

本書の目的

　本書は，先に説明したトップエスイーシリーズの「入門講座」に位置づけられるもので，ソフトウェア工学の基礎的な概念を読者に修得してもらうことを目的としている．トップエスイープロジェクトの目的は，次代を担う，スーパーアーキテクトの養成である．このためには，上流工程での要件分析を行い，各種のツールやメソドロジーを駆使してモデリングを行い，拡張性が高く，高品質なシステムを構築する能力が要求される．これらの詳細については，トップエスイーの「基礎講座」及び「実践講座」の各講座で学習を進めることとし，ここでは，これらを学ぶ前提として，ソフトウェア工学がどのような流れで発展してきたか，また，ソフトウェアの分析，モデル化など，ソフトウェア開発における，基礎となる知識について，開発現場でのTipsやノウハウを織り込みながら解説する．

　まず，ソフトウェア工学の目的，歴史に触れ，ソフトウェア工学の必要性や目的について学ぶ．そして，ソフトウェア開発の現場で，設計から，コーディング，テスト＆デバッグにいたる各開発プロセスにおける，考え方や立ち振るまいについて，ソフトウェア工学での見地から解説を加える．これにより，ソフトウェア工学が，ソフトウェア開発の現場でどのように活用されているかを垣間見ることができる．また，IT業界でのベストプラクティスとして採用されている，SWEBOK, ISMS, PMBOK, ITILなどの各種の知識体系について概要を学ぶ．更に，ビジネスの現場で必要とされる各種の法的な知識やコンプライアンス（法令遵守）について学び，特許や著作権の活用についても言及する．

　本書を通じて，ソフトウェア工学に関する学術的な知識のみならず，開発の現場で使われる「実践的」なソフトウェア工学の活用方法を知ることにより，得られた知識を開発現場で活用できるような，即戦力をもった人材を養成することを目的としている．また，各章末の「Coffee Break」は，IT業界での筆者自身の経験の中で，実際に体験したエピソードである．エンジニアとしての生き様やビジネスの現場を垣間見る手がかりとなれば幸いである．

本書の構成と使い方

　本書の内容は，コンピュータサイエンスの入門レベルであり，コンピュータ科学専攻の高専学生，学部生の読者を想定している．セメスター制度（学期）を意識し，14章の構成としている．各章の終わりに，練習問題を掲載し，章ごとに学習が進められるように工夫し，巻末には練習問題の解答を掲載した．本文での学習で得られた知識を確認し定着させるためにも，ぜひ活用いただきたい．

謝辞

　今回，出版の機会を与えていただいた，国立情報学研究所トップエスイープロジェクトの本位田教授をはじめ，ご指導いただいた講師の方々，そして，本書の原稿を起すに当り，適時，的確なアドバイスをいただいた，サイバー大学の戸川隼人教授，監修をしていただいた石田晴久教授，また，出版に当りお世話になった，（株）近代科学社の編集者の皆様に紙面を借りて感謝と御礼を申し上げたい．

　なお，本書の監修をいただいた，石田先生は，2009年3月9日に逝去され，ちょうど監修に関するお打ち合わせで，出版社に出向きお会いしたのが最後の御姿となってしまった．思えば，先生は，日本のIT産業の発展のため，ご尽力されたことは言うまでも無いが，常に明日の日本を担う若きエンジニアの育成に目を向けられ，本質を見抜くこと，興味を持つこと，疑問に思うこと，最近のエンジニアに，これらが少なくなってきていることを危惧されていた．先生のご冥福をお祈りするとともに，先生の遺志を受け継ぎ，本書が，ITエンジニアの基礎教育に役立てていただけることを願ってやまない．

ソフトバンクモバイル（株）
情報システム本部
浅井 治

目　次

第 0 章　はじめに　　　　　　　　　　　　　　　　　　　　　　　　　1

第 1 章　ソフトウェア工学とは　　　　　　　　　　　　　　　　　　　7
 1.1　ソフトウェアの誕生 8
 1.2　ソフトウェア産業 9
 1.3　ソフトウェア工学とは 11
 1.4　ソフトウェア工学の目標 13
 1.5　ソフトウェア工学の必要性 14
   練習問題 1 18

第 2 章　ソフトウェアライフサイクル　　　　　　　　　　　　　　　　19
 2.1　計画 20
 2.2　設計 22
 2.3　制作（改造） 23
 2.4　テストとデバッグ 25
 2.5　運用，保守 27
   練習問題 2 29

第 3 章　ソフトウェア分析　　　　　　　　　　　　　　　　　　　　　31
 3.1　ソフトウェアの評価 33
 3.2　コードの物量（ステップ数） 33
 3.3　コードの物量（オブジェクト容量） 34
 3.4　可搬性 35
 3.5　品質管理 35
 3.6　バグ発生率 36
 3.7　実行性能，ベンチマーク 37
 3.8　ファンクションポイント法 39
 3.9　コンテンツ 42
 3.10　使い勝手 42
   練習問題 3 46

第 4 章　開発プロセス　49
- 4.1　ウォーターフォール型開発プロセス 50
- 4.2　スパイラルモデル 52
- 4.3　反復型開発プロセス 53
- 4.4　アジャイルプロセス 53
- 4.5　開発手法の使い分け 59
- 4.6　リスク駆動型開発プロセス 64
- 　　　練習問題 4 68

第 5 章　モデリング　71
- 5.1　UML の生い立ち 72
- 5.2　UML 図 72
- 5.3　UML を使う場面 73
- 5.4　各図の説明 75
- 5.5　その他の話題 85
- 　　　練習問題 5 86

第 6 章　要件定義　89
- 6.1　要件定義 90
- 6.2　論理設計（機能設計） 92
- 6.3　物理設計（詳細設計） 93
- 6.4　インタフェース設計 94
- 6.5　組込み型 95
- 6.6　AI 応用技術 96
- 6.7　性能予測値と実績値 97
- 6.8　拡張性 98
- 6.9　保守性 98
- 6.10　セキュリティ設計 99
- 　　　練習問題 6 101

第 7 章　設計　103
- 7.1　設計アプローチの実習 104
- 7.2　プロセス指向アプローチ（POA） 105
- 7.3　データ指向アプローチ（DOA） 107

| | 練習問題 7 | 111 |

第 8 章　コーディング　113

8.1	ソフトウェア開発体制	114
8.2	可視性	118
8.3	コーディング作法	119
8.4	よいコードとは？	120
8.5	コーディングテクニック	122
8.6	一致性	127
8.7	設計書の書き方	127
8.8	ドキュメントレビュー	128
8.9	フローチャート	128
	練習問題 8	129

第 9 章　テスト手法　131

9.1	ホワイトボックステスト	132
9.2	ブラックボックステスト	132
9.3	テスト十分度	133
9.4	統計情報	135
9.5	閾値，最大値，最小値のテスト	136
9.6	自動化	136
9.7	動機的原因の追及と再発防止策	137
	練習問題 9	140

第 10 章　デバッグ　143

10.1	リアクティブアプローチ	144
10.2	プロアクティブアプローチ	145
	練習問題 10	147

第 11 章　SWEBOK　149

11.1	SWEBOK の概要	150
11.2	SWEBOK の目標	150
11.3	知識領域	151
	練習問題 11	156

第12章　特許　　159
- 12.1　知的財産権　　160
- 12.2　著作権　　161
- 12.3　特許権　　163
- 12.4　ネタの発掘　　164
- 12.5　弁理士の活用　　164
- 練習問題12　　166

第13章　法律　　169
- 13.1　契約　　170
- 13.2　個人情報保護法　　172
- 13.3　労務関係法　　173
- 13.4　製造物責任法（PL法）　　175
- 13.5　コンプライアンス　　176
- 練習問題13　　178

第14章　各種の規格との関連　　181
- 14.1　ベストプラクティス　　182
- 14.2　成熟度　　183
- 14.3　ISO/IEC 9000　　184
- 14.4　ISMS ISO/IEC 27001　　185
- 14.5　PMBOK　　187
- 14.6　ITIL　　189
- 14.7　ITSMS ISO/IEC 20000　　191
- 練習問題14　　195

参考図書　　197
推薦図書　　199
練習問題の解答　　200
付録・関連用語　　203
索引　　207

Coffee Break

- ソフトウェアライフサイクルとビジネスサイクル 30
- プログラミング・コンテスト 47
- お客様を巻き込め 69
- オブジェクト指向に向く人，向かない人 87
- 「やってみなければ分かりません」とは言えない 102
- 仕様書 112
- ドキュメント自動作成ツール 130
- 設計とはあきらめること 141
- 「悪魔の囁き」が聞こえる瞬間 148
- IT 系資格試験に思う 157
- ネタ発掘会議 167
- 海外との付き合い方 179
- 野生の勘 196

第 0 章

はじめに

1990年代に入って爆発的にPCが普及し，会社でも家庭でも個人がPCを持つようになった．今や我々は，PCなしでは生活できないし，PCと融合したスマートフォン，IT家電などの情報機器が生活に溶け込み，生活の一部，いや，もしかすると，大部分を占めるようになってきている．さらに，今朝，出勤前にあわてて口に押し込んだトーストも，流し込んだコーヒーも，マイコンで制御されている電化製品でできたものなのだ．ここで，自身の預金通帳を開いて確認してみよう．スマートフォンの通話料をはじめ，インターネット接続料金，ネットショップからの引き落とし等々が見られるであろう．

総務省「家計調査（総世帯）」による，世帯当たりの情報コストの推移（図0.1）を見てみると，固定電話通信料や従来の紙媒体やCDなどのメディアが減少し，スマートフォンをはじめとする，移動電話通信料やデジタルコンテンツの支出が増えているのは，言うまでもない．

また，これらを，食費，高熱費を含む住宅関連，交際費など，他の支出と比べると，情報通信関連の支出の割合が多く，増加傾向であることに気がつくであろう．これらは，サービスという実体がないものに対して支払われている対価であり，水道水同様，今や生活必需品となりつつあるので，出費の意識が薄いのであろう．かつて松下幸之助翁は「水道哲学」ということをおっしゃっていた．

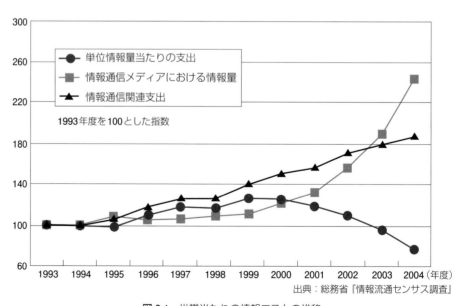

図0.1　世帯当たりの情報コストの推移

> 「生産者の使命は貴重なる生活物資を水道の水の如く無尽蔵足らしめることである．いかに貴重なるものでも，量を多くして無代に等しい価格をもって提供することにある．」
> (『松下幸之助「一日一話」』[1月18日]，1994，PHP総合研究所，より引用)

言い換えれば，製品は蛇口をひねると水が出てくるように，簡単に使えなければならない．情報は一連の水の流れのように簡単に流れるものでなければならない．今や，インターネット関連のITサービスは，真に水道水のように，いとも簡単に，お手軽に我々の手元に届けられる．考えてみてほしい．無代に等しい価格ではないかもしれないが，ここで支払われた出費の総額は，国内総生産(GDP)の何％に当たるのであろうか．そして，それらは，IT業界のビジネスボリュームであり，業界内のマネーフロー全体である．最終的には，我々のようなITで生計を立てている人々の給料にもなるのである．

また，このような市場環境を受け，ソフトウェアの開発では，従来のPC上で動作するアプリケーションより，モバイル端末（スマートフォン）に最適化したアプリケーションが優先される．いわゆる「モバイルファースト」である．モバイル端末は，文字どおり，移動端末であるがゆえ，モバイルアプリケーションでは，位置情報(GPS)を活用した機能や，移動中のシーンでの使い勝手(UI/UX)が求められる．

昨今，PCやスマートフォンの普及という意味では，伸び率が鈍化し，充足感は否めないが，アプリケーションの多様化，多機能化により，IT業界のビジネスボリュームという観点では，拡大することはあるが，縮小する可能性は薄いであろう．ただし，これを，短絡的に収益の拡大と考えるのは早計であろう．ご存知のように，いつの時代でも，ビジネスでは，以下の公式が成り立つ．

$$収益 = 収入 - コスト$$

であるから，収益を上げるためには，収入を上げること，あるいはコストを削減することが必要である．前述のように，収入は増える傾向にあるが，収入が増えると，コストも増加する．適正な収益を確保するためには，コストコントロールが不可欠なのである．そして，このコスト削減に科学的に取り組むことが「システム工学」であり，「ソフトウェア工学」なのである．ソフトウェア工学は，1970年代，

ダイクストラらによる論文に端を発し,「ソフトウェアの危機」が叫ばれた頃から始まり,構造化プログラミング,オブジェクト指向,CASE ツールなど,さまざまな議論を経て,ウォーターフォール型,スパイラルモデル,反復型,アジャイルプロセスなどの方法論に至る.しかしながら,これらの答えは,1 つではない.つまり,あなた次第なのである.

読者の多くは,今後,IT 業界で活躍する人たちであろう.本書では,ソフトウェア工学に関連する一通りの話題に言及したつもりではあるが紙面の都合上,すべてを網羅しているわけではない.むしろ,理論だけでなく,随所に,実践的なノウハウを散りばめ,読者がビジネスの現場で即,使えるようなヒントを盛り込んだつもりである.ここで紹介する考え方や,ベストプラクティスに触れ,適時,現場で試してみることをお勧めしたい.

そして,今後の IT 業界で活躍される皆さんにぜひ伝えておきたいのは,「皆さんは,作る側の人であり,使う側の人ではない」ということである.昨今,エンドユーザの視点とか,マーケットインという言葉が示すように,使う立場に立って,物作りをすることが求められている.確かに,このような視点も大切であろう.しかし,エンジニアとして,物事の本質をつかみ,探求し,発見し,学習する喜びを感じていただきたいと思う.このためにも,「興味を持つこと」,これこそが,エンジニアの基本的なスタンスであり,考え方の根底に置くべきものであると考える.

冒頭で触れたように,現在,いろいろな情報機器が氾濫し,手を出せばそこに情報機器がある.これらの機器を十分に活用し,生活を便利にし,エンジョイすることは大いに結構であり,ぜひ使い込んでもらいたい.そして,エンジニアたるもの,その先に思いを馳せてもらいたい.

- このサービスはどのようなビジネスモデルに基づくのであろうか.
- この機能はどうやって実現しているのか.
- 情報システムはどのように関係しているのであろうか.
- あれと,これを組み合わせると,面白いことができるのではないか.
- この機能を開発するのに,何人月かかったのであろう.

これが,「エンジニアの視点」なのである.しかし,常々このようなことを考えていると,少し興ざめしてしまい,そのサービスが提供してくれる本来のエンターテイメントを十分に楽しめなくなってしまう.しかしながら,それが,「エンジニアの性」と諦めなければいけないかもしれない.このようなエンジニアとしての人生に踏み出し,明日の IT 業界を支える皆さんの健闘を期待し,本書がその一助と

なれば幸いである.

第 1 章

ソフトウェア工学とは

「ソフトウェア工学」(Software Engineering)は，ソフトウェアの誕生と同時に生まれたのではない．ソフトウェアが生まれ，その可用性，可搬性，再利用性が認められると，有効性，有用性も認められていった．そして，ソフトウェアの価値が向上したと同時に，ソフトウェアのビジネス化，量産化が進んだ．このため，ソフトウェアを工業生産物として量産する時代が到来し，開発効率，品質が重要な要素になってきた．これらを科学的に管理し制御することが，ソフトウェア工学の目的なのである．

ソフトウェア工学は，ソフトウェアの発展とともに成長し変遷してきた．この変遷は，品質，信頼性，可用性，保守性などソフトウェアやサービスに求められるニーズや価値観の変遷でもあり，これらの背景にあるものとして，時代が求めるニーズの変化や情報産業の誕生と急激な成長が挙げられる．情報システムに求められる業務の拡大は，ソフトウェアの肥大化を招き，これを支える，ソフトウェア人口も増大の一途をたどってきた．

今日，情報システムは，生活基盤として世界を支えており，改めて，ソフトウェアの品質，信頼性，可用性，保守性が求められる時代となっている．

1.1 ソフトウェアの誕生

ソフトウェア工学を学ぶにあたり，まずは，「ソフトウェア」について概観してみよう．コンピュータシステムの黎明期，ENIAC[1]のようなコンピュータはハードウェア(hardware)の塊であった．そして，目的とする機能をハードウェアでワイヤリングすることにより実現していた．つまり，異なった機能を実現しようとすると，ハードウェアの改造が必要となる．この改造が限られた範囲の限定的な改変であればよいが，大幅な修正や改造となると，それなりに時間と労力を必要とし，必ずしも効率の良いものではなかった．また，実現する機能もおのずと制限され，自由度が低いものであった．

そこで登場したのが，ソフトウェア(software)である．ソフトウェアは，いろいろな機能単位に取り替えたり，追加することができる．つまり，必要な機能を具備したソフトウェアをハードウェアに組み合わせて搭載し，実行させる．他の機能を使う場合は，その機能を実現するほかのソフトウェアに入れ替える．ここでのポイントは，ソフトウェアを取り替えることにより，ハードウェアを改変することなく，いろいろな機能を実現することができる点である．

[1] ENIAC(Electronic Numerical Integrator and Computer, エニアック)は，アメリカで開発された黎明期の電子計算機．電子式でデジタル式だが，プログラム内蔵方式とするにはプログラムのためのメモリはごくわずかで，パッチパネルによるプログラミングは煩雑ではあったものの必ずしも専用計算機ではなく，広範囲の計算問題を解くことができた．

このように，ソフトウェアの出現は，ソフトウェアを取り替えることにより，高価なコンピュータシステムを，多目的に使うことを示唆し，その後の業界に大きなインパクトを与えることになる．「コンピュータ，ソフなければ，ただの箱」という言葉があるように，ソフトウェアの付加価値が広く認められ，今や，「ソフトウェアの時代」となりつつある．これは，ちょうど，蓄音機の出現により，レコード（ソフトウェア）を取り替えることにより，いろいろな音楽が視聴できるようになったことと同義である．このようにして，ソフトウェアを開発し販売するビジネスが誕生する．そして，ソフトウェア産業が成立することになる．それでは，このソフトウェア産業とは，どんなものであろうか．

1.2 ソフトウェア産業

　ソフトウェアの出現は，コンピュータ業界にどのようなインパクトを与えたのであろうか．ソフトウェアの機能拡充あるいは，取替や組換えにより，ソフトウェアの付加価値が認められ，ソフトウェアを販売する産業，つまりソフトウェア産業が成り立つことが分かってきた．当初は，ソフトウェアは，ハードウェアを売るための付随的なものであり，ハードウェアメーカがハードウェアを生産する傍らでソフトウェアを開発し販売する形態がとられた．

　ところが，ソフトウェアの特徴である多様性が広く認められ，ソフトウェアの付加価値が認められるようになると，マイクロソフト社[2]のように，ソフトウェアだけを開発して販売する企業が現れてくる．ソフトウェアの付加価値が認められると，ソフトウェアがハードウェアから独立し，単独の商材として扱われるようになった．前述のように，ソフトウェアは，本来無料で提供されていた．そこで，オープンソースソフトウェア(Open Source Softwar)について触れておきたい．ソースとは，ソフトウェアのソースコードのことであり，オープンとは，このソースコードがインターネット上などに公開されている，という意味である．多くのソフトウェア開発者によるボランティアで，Linux[3]など数多くのソフトウェアが公開されている．これらは，いわゆる，「フリーソフト」のような無料ソフトと混同されがちであるので，これらを，ライセンスの形態別に分類し整理してみよう．

　まずソースコードを公開しているか否かで，表1.1のような分類がある．厳密に言えば，ソースコードの著作権を放棄しているか，していないかで分類される．

　ここで，オープンソースとは，著作権などの権利をフリーにしているという意味

[2] アメリカ合衆国ワシントン州に本社を置く，ソフトウェアを開発・販売する会社．1975年4月4日にビル・ゲイツとポール・アレンらによって設立された．

[3] Unix系オペレーティングシステムカーネルであるLinuxカーネル，およびそれをカーネルとして周辺を整備したシステムのこと．

表 1.1　オープンソースの分類

	ソースコード	著作権	ライセンス
オープンソース（フリーソフトウェア）	公開（ライセンスにより義務なし）	放棄しない	GPL,MIT License など
パブリックドメイン	公開	放棄	

表 1.2　オープンソースのライセンス形態

	ソースコードの改変	改変後の公開義務	代表的なソフトウェア
GPL	○	あり	Linux,emac,OpenOffice など
MIT License	○	なし	Apache,X-window,FreeBSD など

で,「フリー＝無償」という意味ではない. また, 表 1.2 に示す, オープンソースでは, ライセンス形態について注意が必要である. GPL(The GNU General Public License)[4] では, 公開されているソースコードを利用して新たな機能を追加することができる. その場合, 改変, 追加したソースコードをオープンソースとして公開しなければならない. これが, GPL の考え方である. 一方, MIT License では, 改変したソースコードを公開する義務がなく, そこから生成されたバイナリを有償で提供することもできる. なお, これらのオープンソースでは, 著作権を主張しないことを明示する意味で, 一般的にコピーライト(copyright)と呼ばれる著作権表示に対比してコピーレフト(copyleft)と呼ばれることがある.

オープンソースは, ソフトウェアを自由に流通させることにより, ソフトウェア産業の健全な発展に寄与するという考え方に基づいている. ところが, 前述のマイクロソフト社のようにソフトウェアを有償で提供するビジネス系の陣営と真っ向から対立する形となる. 当時マイクロソフト社のビル・ゲイツ氏よりオープンソース陣営（ホビースト）に対し,「ホビーストへの攻撃文」が発せられた. その内容は, ホビーストのようにソフトウェアを無償で配布しては, ソフトウェアを開発するための開発費用が捻出できず, ソフトウェアの品質の向上は望めない. そればかりか, ソフトウェアを公開して相互にコピーすることは「盗難」である, と主張するものだった. こうしてソフトウェアをビジネスとして販売していく形態が確立されていった.

また, ソースコードは公開していないものの, 表 1.3 に示すような, バイナリコードを公開しているかどうかで, 以下のように分類できる

[4] GNU General Public License（GNU GPL もしくは単に GPL とも）とは, GNU プロジェクトのためにリチャード・ストールマンにより作成されたフリーソフトウェアライセンスである.

表 1.3 バイナリーコードの公開／非公開

	バイナリコード	ライセンス
商用ソフトウェア	非公開	有償で貸与（ライセンス契約）
シェアウェア	公開	無償使用版の提供
フリーウェア	公開	無償

　これらのオープンソースやフリーウェアを使うことで，より短期的かつ安価に，目的とする機能を実現することができるかもしれないが，ライセンスの形態や，使用者の自己責任を理解し有効に活用していきたい．

　ソフトウェア工学の話に戻そう．このようなソフトウェアの発展の背景には，オペレーティングシステム（Operating System）[5]と呼ばれるシステムプログラムの発達と整備があるが，ここではこの部分には触れない．

　一方，別の見方をすれば，ソフトウェアの発達は，ハードウェアを進化させた．つまり，ソフトウェアを取り替えて使うためには，ハードウェアはより，互換性の高い物になる必要があった．いわゆる互換機の登場である．IBM 社の PC/AT 互換機は，PC をはじめとするハードウェア市場の競争を激化させ，これにより PC の低価格化が進み，結果として，今日の PC をはじめとするコンピュータや電子デバイスの普及を促した．

　そもそも，ソフトウェアの販売は，ソフトウェアという商品を制作して販売するので，製造業としての性格を持つが，実際には，サービス業として分類されている．これは，ソフトウェア産業が，人件費の占める割合が大きいという性質，および，品質を表示することができず，使ってみなければ品質を確かめることができないというサービス業特有の性質を併せ持つからであろう．このことを，ソフトウェア工学の見地から考えると，コストと品質という切り口が見えてくるであろう．

・コスト（cost）：ソフトウェアの開発費用をコントロールしたい
・品質（quality）：ソフトウェアの品質をコントロールしたい

[5] コンピュータのオペレーション（操作・運用・運転）のために，ソフトウェアの中でも基本的，中核的位置づけのシステムソフトウェア．通常，OS メーカーが組み上げたコンピュータプログラムの集合として，作成され提供されている．

1.3　ソフトウェア工学とは

　ソフトウェアを制作する際の開発コストを抑え，品質が良いものを効率良く生産

することがビジネスの成功に繋がることは，自明の理である．ここでは，理解を容易にするため，コスト面でのビジネス性を紹介したが，ビジネスの成功要因は，コスト面だけでなく，品質面も大きなファクターである．

このように，ソフトウェア産業を成功させる要因としていろいろな概念や条件が混在するので，これらを数値化し，分析，評価することにより，画一的かつ統一的なルールやノウハウを見出すことが求められている．言い換えれば，ソフトウェア産業では効率良くソフトウェアを開発し，品質をコントロールすることが望まれ，このための仕組みが必要となった．製造業であれば，材料とリソース（時間，工数）の投入量と，稼働率を制御（ベルトコンベアーの速度を制御）することにより，生産量を制御することが可能である．

ところが，ソフトウェアの開発では，いろいろな条件が複雑に絡み，かつ，人的なスキルに依存する部分も大きいため，ソフトウェアの生産量や品質の制御は極めて難しい．これが，「ソフトウェアは難しい」あるいは，「ソフトウェアは見えない」などと言われる主たる要因である．

ここで，ソフトウェア工学の歴史（図 1.1）を見てみよう．

1960 年代に，COBOL や FORTRAN に代表される高級言語によるプログラミン

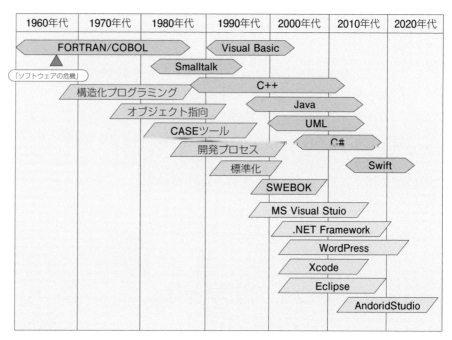

図 1.1　ソフトウェア工学の歴史

グ環境が整備され，いよいよ，ソフトウェアは作るものであるという認識となり，ソフトウェアの量産時代の幕開けとなった．ところが，1970年代に入り，「ソフトウェアの危機」がささやかれはじめた．これは，E.W.Dijkstra（エドガー・ダイクストラ）らが，著書『構造化プログラミング』で述べているが，当時，コンピュータやソフトウェアへの期待が膨らみ，次々と業務アプリケーションが開発され，ソフトウェアの規模は肥大化の一途であった．このため，ソフトウェアの開発規模の拡大とこれに伴う品質の低下が懸念され，このままでは，絶対的にソフトウェア技術者が不足する，という考え方が広まった．これを払拭するものとして，構造化プログラミングの重要性が説かれ，LISPやC言語などの構造化プログラミング言語が登場した．ソフトウェア開発現場では，こぞって，構造化プログラミングが学ばれたが，後にSmalltalkや，C++のようなオブジェクト指向言語が生まれると，構造化プログラミングからオブジェクト指向への移行が進んだ．1980年代には，ソフトウェア開発の自動化による効率向上を目指した，いわゆるCASE(Computer Aided Software Engineering)[6]ツールが登場し，ソフトウェアを科学的に分析するような試みがなされるとともに，各種のソフトウェア開発手法や方法論が考案された．このような過程で，1990年代，各種の団体が設立され，標準化が進んだ．この背景には，Webシステムに代表されるようなプラットフォームの整備や，Javaの登場，UML(Unified Modeling Language)などの標準化があった．そして，2000年代に入り，ソフトウェア工学の知識体系としてSWEBOK(Software EngineeringBody Of Knowledge)[7]ガイドが策定された．

　コンピュータの歴史に比べ，ソフトウェア工学の歴史は，かれこれ50年ほどであり，まだまだ短い．この中で，標準化，ツール化，可視化などをキーワードに体系化され，ノウハウが蓄積されてきた．そして今，これらの知識をどのような形で活用するかという段階に来ている．その意味で，先人の知恵を知り活用することこそが，ソフトウェア工学を学ぶ目的であると言える．

1.4　ソフトウェア工学の目標

　このように，ソフトウェアを産業としてとらえた場合，生産性や品質をコントロールし，最適な開発方法を見出すことが重要となる．ソフトウェアの難しさを払拭して，生産性と品質を制御することがまさしく，ソフトウェア工学の目的であり，ソフトウェア工学の最終的な目標は，「品質(quality)」，「コスト(cost)」，「納期

[6] ソフトウェア開発やソフトウェアの保守にソフトウェアツールを利用すること．そのようなツールをCASEツールと呼ぶ．

[7] IEEE Computer Societyスポンサーによるソフトウェア工学調整委員会の成果物であり，SWEBOKはソフトウェア工学分野内の10の知識領域（KA）を定義した．
ソフトウェア要求
ソフトウェア設計
ソフトウエア構築
ソフトウエア試験
ソフトウエア維持
ソフトウエア構成管理
ソフトウエア工学管理
ソフトウエア工学プロセス
ソフトウエア工学ツールと方法
ソフトウエア品質

図 1.2　ソフトウエア工学の目標

(delivery)」の3つの最適なバランスを実現するための手法や方法論を学ぶことである．(図 1.2)

　ソフトウェア工学では，属人的な要素を取り除き，ベストプラクティス(best practice)を追求する必要があろう．ここで，ベストプラクティスとは，「お手本」のことであり，ソフトウェアの種別や機能，使われ方により千差万別である．これらに統一的なルールを当てはめることは，ある意味ナンセンスで，ソフトウェア工学の目的ではない．ソフトウェア工学では，このような個々のソフトウェアの事情に左右されないノウハウや，あるべき姿の集大成として位置づけ，読者は，これらの使えそうなところを適宜選択し，真似をしたり拡充したりして自身の環境に最適化した形で適用すればよい．このためのノウハウ集を体系化したものととらえ，ソフトウェア工学で学んだことを現場で活用することになる．「ソフトウェア工学」がカバーする範囲は広範に及ぶが，本書では，より実践的なトピックに絞り，解説してゆくこととする．

1.5　ソフトウェア工学の必要性

　それでは，なぜ，ソフトウェア工学が必要なのであろうか．以下のいくつかの視点から考えてみよう

①大規模化と複雑さ

　ソフトウェアは，誕生以来，増え続け大規模化している．そして，今日，生活のあらゆる部分にソフトウェアが介在しており，今やソフトウェアなしでは生活が成

り立たない状況になりつつある．このことは，今後もソフトウェアが増え続けることを示唆しており，国内の産業別の生産額（図 1.3）を比較しても，情報通信産業（図中の△）だけが右上がりで推移している．これは，ソフトウェアの開発規模の推移と整合的であると考えられ，開発規模のみならず，複雑さも加速的に増していくであろう．

このような事態に対処するためには，ソフトウェアを効率良く開発し，メンテナンスすることが必要となる．このためには，構造化やモデル化を推し進める必要があろう．また，効率と品質を両立させるためには，再利用率を高め，部品化，オブジェクト化などが有効となる．そして，今後，これらのスキルを持ったエンジニアを育て，増やすことが課題である．

②求められる IT 人材

『IT 人材白書 2018』（図 1.4）では，IT 企業に対して人材の"量"に対する不足感と，"質"に対する不足感とが増加していると報告している．さらに，今後の第 4 次産業革命の流れを見据えて，従来の「課題解決型」の人材に加え，「価値創造型」の人材が求められるとしている．

また，ソフトウェアの開発を一人で行うことはもはや不可能である．前述の大規模化や複雑さに加え，専門性が加わり，一人の設計者がカバーできる範囲はごく小さな範囲となる．言い換えれば，複数人のプロジェクトで開発することが必然となる．このため，ソフトウェアの開発におけるプロジェクトマネジメントが重要視されてくるであろう．プロジェクトの目的は品質（Q），コスト（C），納期（D）であるが，

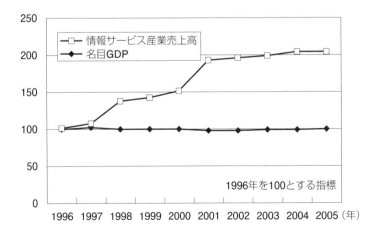

出典：経済産業省『平成17年特定サービス産業実態調査』確報（2006年11ヵ月）

図 1.3　情報サービス産業の売上高推移

それぞれの最適化とバランスを取り，属人性を排除して一定したパフォーマンスを確保するためには，プロジェクトマネジメントの手法や方法論を用いて，科学的に管理することが求められる．このため，開発の現場ではスペシャリストのみならずプロジェクトマネジメントの知識と経験を持った人材が求められている．

③**社会性と求められるミッション**

ソフトウェアは社会インフラに深く溶け込み，ライフラインの一部として社会の中で大きなミッションを持っている．このミッションに応えるためには，一定以上のサービス品質を確保していることはもちろん，災害や事故など不測の事態においても，事業とサービスを継続的に提供できることが求められる．また，個人情報保護法やJ-SOX[8]などの法令を遵守し，堅牢でセキュアなサービスを提供することも，重要なテーマである．

④**不確実性の増大**

今日，インターネットの利用目的は，従来から慣れ親しんだ，Web閲覧や電子メールの交換などの「検索，通信型」から，掲示板，Blog，SNS（ソーシャル・ネットワーキング・サービス）など，いわゆる「参加型，コミュニケーション型」へ

[8] 日本版SOX法とも呼ばれる．米国の「SOX法」を日本版にアレンジした金融商品取引法の中で，企業に対し財務報告に関わる内部統制を義務付けた．

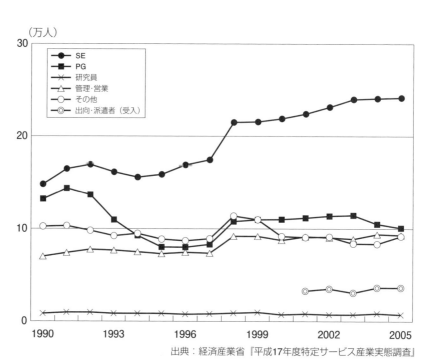

出典：経済産業省『平成17年度特定サービス産業実態調査』

図1.4　情報サービス業の職種別就業者数

と移行しつつある．このため，これらのシステムを構築する際の設計上あるいは，開発上の難易度や複雑さが高くなり，結果的に，システム開発におけるリスク要因が増大することになる．言い換えれば，「不確実性」が増すことになる．さらに，ターゲットとするユーザ層の拡大は，マーケットでのニーズを多様化し，変化に対する即応性と柔軟でスケーラブルなシステムを要求する．つまり，システムに対する要求の「間口」，「奥行き」とも拡大する傾向にある．このような時代的背景から，今後は，業界業種を問わず，あらゆる産業でソフトウェア工学による工学的なアプローチが求められる．これらの手法，方法論は，今後のIT社会を支える基本的な技術であり，不可欠なスキルとなるであろう．より良いIT社会を構築し適切に維持，管理することは，IT先進国の条件であり責務でもある．

そして，IT社会を支える技術者には，このようなスキルを見につけていただきたい．また，ここで紹介する実践的な手法を活用し，マスターしていただきたい．

本章では，ソフトウェア工学の歴史や変遷に触れ，ソフトウェア工学の目的を明らかにした．ソフトウェア工学の変遷は，システムへのニーズや価値観の変化でもあり，今後も，より多様な価値観の中で，変化し得るものである．このため，時代のニーズを正確に掴み，求められるニーズを把握した上で，ソフトウェアの価値を考える．このような柔軟な考え方が必要になってくる．

練習問題　1

【練習問題 1.1】
ソフトウェア工学の必要性として最も適切でないものを選べ．
- ○ モチベーションの向上
- ○ 品質の向上
- ○ 保守性の向上
- ○ 開発効率の向上

【練習問題 1.2】
ソフトウェア工学の目標として適切なものを選べ（3つ）．
- ☐ 品質
- ☐ 販売価格
- ☐ 費用
- ☐ 納期

【練習問題 1.3】
「ソフトウェアの危機」とはどんなことだろうか？正しいものを選択せよ．
- ○ ソフトウェアが肥大化し，ソフトウェア産業が不況に陥る．
- ○ ソフトウェアが肥大化し，ソフトウェア技術者が不足する．
- ○ ソフトウェアが肥大化し，ハードウェア技術が追いつかなくなる．

【練習問題 1.4】
構造化プログラミングに含まれない概念を選べ（3つ）．
- ☐ 階層化
- ☐ 継承
- ☐ クラス
- ☐ 隠蔽

第 2 章

ソフトウェア
ライフサイクル

この章では，ソフトウェアのライフサイクルについて学ぶ．ソフトウェアライフサイクルとはその名のごとく，ソフトウェアが生まれてから死ぬまでの期間を言う．ソフトウェアの誕生とは，ビジネス上あるいは，システム上の要求を具現化するための企画，計画段階であり，どんなソフトウェアが必要か？ そのソフトウェアで業務がどのように変わるか？ などを考え，要件定義書をまとめる．この要件定義書は，その後のソフトウェア開発において不可欠なものである．要件定義書を基に，システムが開発され，実稼動，保守運用を経て，ソフトウェアは一生を終える．本章では，このライフサイクルについて概観する．

2.1 計画

物事には，始まりがあり，終りがある．ソフトウェアが立案され，開発されると，一定の運用期間を経て，やがて終焉を迎える．この期間のことをソフトウェアライフサイクル（software lifecycle）と呼ぶ．ソフトウェアライフサイクル（図 2.1）は，該当システムのニーズの発生から始まる．

ニーズは，顧客から発生するものもあれば，システムの要件，またはベンダの事情によるものなど，いろいろな発生要因が考えられる．これらを集約して「ニーズ」という形でまとめ上げる．このニーズは，ビジネス要件に起因するものと，システム要件に起因するものに集約され，これらのニーズをまとめ上げる作業が計画 (plan, planning) であり，その後のプロジェクトの中で最も重要で影響力が大きい作

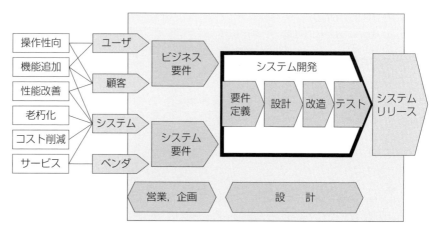

図 2.1　ソフトウェアライフサイクル

業である．これらのシステムに対するニーズは，最終的には，要件定義書という形でまとめられる．ここで，要件定義書に含むべき項目を紹介しておこう．

〈要件定義書の記載項目〉
- システムの目的
- システムの概要
- システムの機能
- システム構成（システム構成図，ソフトウェアブロック図）
- 目標性能
- 他システムとのインタフェース仕様
- 運用面の注意事項
- 制限事項
- 拡張性
- 開発スケジュール
- 開発体制
- 納品物

　この段階で押さえるべき項目はどれも重要であるが，特に注意すべきは，実現する機能と実現しない機能を明確にすることと，それらの機能を盛り込んだシステムがスケジュールどおり開発できるかの見極めである．これが，実現する機能が決まっていなかったり，スケジュールに収まる見通しがないプロジェクトの場合，うまくいかないであろう．そうならないためにも，これらの確認に全力を尽くす必要がある．実現する，しないは，当然，実現性の裏付けに基づく必要がある．ここで，実現性を評価することをFS[1]（Feasibility Study）と呼ぶが，この時点で不安材料がある場合，機能を絞り込むか，スケジュールを見直すなど，代替策を講じる必要があろう．また，スケジュール的に，譲れない場合もあろうが，その場合は，機能を削減し，実現可能な計画に見直す必要がある．このような一連の作業は顧客に了解を得る必要もあり，なかなか大変な作業ではあるが，実現の見通しのないプロジェクトを始めることは，この時点で「負け戦」であり，デスマーチ[2]を歩み始めることになる．とはいえ，実現性とスケジュール以外でも，このタイミングで，これらの項目を検討することは重要であり，ソフトウェアを開発する上でのノウハウでもある．そこで，多くの企業では，これらの項目をテンプレートとして標準化し，このテンプレートに従って要件定義を行うことを義務づけ，漏れなく検討が行われる

[1] 実現性を事前に検証すること．試作段階，やってみて初めて分かることもあり，最近は「概念実証」=POC（Proof of Concept）という試作段階の前のデモンストレーションレベルの検証も重要とされる．

[2] チーム全員が失敗への道を進むこと．こうならないように事前の状況察知と対処が求められる．

ような「仕組み」を作っている．これは，このルールに従うことにより，どのプロジェクトでも，一定の品質水準を保てるようにするための努力なのである．なお，上記の考え方やアプローチは，PMBOK（第14章参照）に基づき，第4章で説明する「ウォーターフォール型開発プロセス」（計画駆動型）に準じた場合である．

「要件定義書」の意義

一般に「要件定義書」には，3つの目的がある．

①プロジェクト関係者のバイブル

プロジェクトを進める過程では，種々の問題や判断すべきポイントがある．その都度，「要件定義書」に立ち返って，記載内容に矛盾しないような判断を行い，方式を選択する．

②社内外への宣言と協力依頼

多くのプロジェクトでは「要件定義書」をベースに「プロジェクト憲章」を作る．「プロジェクト憲章」には，社内外の関係者にプロジェクトの存在を知らしめ，協力を仰ぐという目的がある．

③ RFP

RFP[3]（Request for Proposal）とは，開発作業などを外部に委託する場合に使う資料で，システムの概要を説明し，ベンダからシステムの提案を要求するものである．多くの場合，RFPの元ネタとして「要件定義書」が使われ，ベンダからその内容に沿った提案を受ける．

2.2 設計

計画フェーズで作成した「要件定義書」に基づき設計を行うフェーズである．ここでの成果物は「設計書」であり，まだ物作りは発生しない．計画段階では，大まかであった概念をより細かく，ブレークダウンして設計する．設計フェーズは品質を作り込むフェーズでもあり，細心の注意と全体のバランスを見ながら作業を進めることが大切である．詳細は後述するが，先の要件定義書から論理設計を経て物理設計へと展開するにつれ，より詳細な部分を設計し，最終的には，コーディングができるレベルの仕様書に落とし込む．ここでのポイントはブレークダウンの仕方であり，ここでの分割がオブジェクト指向で言うところの「クラス」であろうし，コ

---

[3] ソフトウェアなどの開発案件に関し，発注側が開発ベンダーに発行する書類．開発ベンダーは，この内容に沿った「提案」を提示し，発注側の選定・評価のうえ契約に至る．記載内容に是非が問われることもあり，契約書と同等な慎重さが求められる．

ーディングレベルでは,「モジュール」という単位になる.そして,以後展開される,各種のマネジメントプロセスで取り扱う最小の単位となるのである.

2.3 制作（改造）

制作フェーズは,設計書に基づいてシステムを仕上げる作業である.システム構築の仕方について簡単に触れておこう.システムを構築する際,大きく2つのタイプが考えられる.

■**内製**（自社開発）

社内のメンバーで開発する形であり,開発ができるエンジニアを集められることが前提となる.ここで,開発が「できる」というのは,頭数の問題だけではない.システムの要件やビジネスケースを理解しており,開発するための技術的知識や素養を備えているエンジニアを必要人数分集める必要がある.さらに,これらのエンジニアを取りまとめ,プロジェクトを推進するための体制も必要であろう.もちろん,すべてを内製する必要はない.一部の機能をパッケージとして購入したり,外部に制作を委託する場合も考えられる.

■**調達**（外部委託）

開発作業を外部に委託し,出来上がったシステムあるいは成果物を買い取る形態である.ここでは,先に説明したような,要件定義からRFPを抽出し,候補ベンダに提示する.ベンダから提示された提案書と見積りを吟味し,業者を選定する.そして,選定した業者と作業委託契約を締結する（図2.2）.

ここで注意すべき点は,納品物の範囲と,作業分担について合議しておくこと

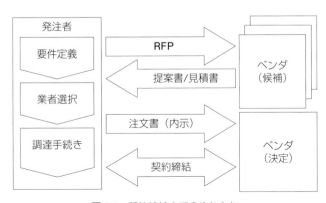

図2.2 契約締結までのやりとり

ある．納品物とは，ソフトウェアの場合，出来上がったシステムを生成するための開発環境と，ソースコードのことで，その扱いをどうするかにより，その後の立ち振舞いが異なってくる．ソースコードを受けとならないとすると，多くの場合，不具合の改修を行うために，改めて作業委託契約を締結する必要がある．

一方，ソースコードを受け取った場合，その後のメンテナンスは，原則的に自社内（発注した会社）で行うことになるので，自社内で一定量，一定質のエンジニアを確保する必要がある．もちろん，開発元から人材の派遣を受けるなど，確保の仕方にはいろいろな方法があるが，ここで注意しておきたいのは，ソースコードの納品をいかにするかにより，その後のメンテナンス体制を考慮する必要があるということである．作業分担についても，いろいろとトラブルの元になりやすいので，明確に役割分担を定めて，文書化しておくことが望ましい．また，守秘義務に関することやソースコードの著作権関連，業務上の発明や特許関係の権利についても問題が起きる前に協議し，その結果を文書で取り交わしておくことが得策である．

特に，先に述べたように，最近は，ソフトウェアの開発を，安価な労働力を獲得できるインドや中国，東南アジアなどの海外に発注する「オフショア開発」(Offshore Development)が増えてきている．このような場合，一般的には，以下のような注意をすることが重要である．

①**文化の違い**
生活習慣，食事，宗教など文化の違いによるいろいろなトラブルが想定される．違いを理解する前に，違うことを理解する必要がある．

②**言語の違い**
プロジェクトを行う上で，コミュニケーションは不可欠である．コミュニケーションミスによる思わぬ問題が発生することがあるので，コミュニケーションルールを決め，双方が納得するまで諦めない．うやむやにすると後で問題となる．

③**商習慣の違い**
国内の取引では常識的なことも，海外では，常識でない場合が多い．ブリッジSE[4]など，現地での取引に詳しい人にアドバイザーとして相談できることが望ましい．

④**品質に対する意識の違い**
一般に海外の技術者は，日本の技術者に比べ，品質に関する意識が低いといわれる．たとえば，バグが潜在することが分かっていながら，期限満了のためデバッグ作業を切り上げ出荷するようなこともあり得る．品質に対する啓蒙など教育研修を

---

[4] オフショア開発における技術だけでなく，国の言語や文化などを理解したうえで両国の間に立ち，円滑にプロジェクトや業務を進められるよう指示・調整するエンジニアのこと．

行うことが望ましいが，契約文書で，明確に規定することが得策である．

　作業内容や，納品物のレベルなど，書類に残すことが前提となるが，書類の記述も「行間を読む」ようなことは一切なく，書いてないことは範囲外というのが常識である．つまり，委託内容などは，こと細かに記述する必要がある．特に，日本の商習慣では，罰則（ペナルティ）については詳細に触れない傾向があるが，海外ベンダとの契約では，考えられるすべての事象をピックアップして契約書に織り込む努力を怠ってはいけない．

　いずれの場合も，計画，設計段階で，システムの要件を規定することは，その後の作業に大きく影響を与えるので，きちんとドキュメント化することが重要である．

2.4　テストとデバッグ

　ソフトウェア開発に費やす工数のうち，テストとデバッグに費やす工数は，大きな割合を占めるのではないだろうか．規模が大きくなればなるほど，実現する機能も豊富になり，テストすべきテスト項目が多くなる．そして，それに比例してバグも多くなる．1件のバグが摘出されると，バグの対策を行うため，原因究明，対策，確認の一連の作業が追加的に発生することになるので，バグ発生と作業量の関係は幾何級数的に増えていくことになる．バグは少ないほうがよいのは当然であろう．しかし，「バグがありません」というシステムは，いかがなものであろうか？　要するに，バグの摘出数と品質は，統計的な分析の対象であり，ソフトウェア工学の真骨頂とでも言うべき分野である．幸い，ソフトウェアの有史以来，先輩方がいろいろな統計情報を残され，分析されており，一応のセオリーができている．このセオリーを学び，各自の経験則を追加していくようなアプローチをするのがよい．

　ここでは，まず，統計データを紹介する．バグの摘出数と品質を考える上で，以下のような情報が有用である．これらのデータをできるだけ細かく採取し，グラフにプロットしてみよう．

　一般的には，このような曲線を描く（図 2.3）．

　では，ここから何が言えるであろうか．最初に申し上げておくが，この曲線パターンは理想的なパターンの一つである——バグの発生を追いかけるようにバグ対策が追従しており，テストの終盤でバグ発生率が低下し，やがて発生しなくなった．一方，テスト消化は，テストの前半では環境整備など不慣れが原因で予定を下回っ

ているが，テスト中盤で学習効果により件数をこなした，というような分析と評価ができる．特に終盤でのバグの発生と対策の関係は，一定のバグが摘出され，対策されていることを物語っており，一定の品質が確保できていると考えられる．

では，次の例を考えてみよう（図2.4）．

テストの実施累積の立ち上がりがよく，前倒しで進んでいる．バグは，テストの進捗に伴い発生しているが後半に集中している傾向が見える．このような場合，まず，テストの難易度をチェックすべきである．つまり，テストの難易度が低かったため，テスト実施が前倒しに進み，その間に発生したバグの件数が少なかったとも考えられる．そして，バグ発生パターンから，いまだ潜在バグが摘出されていないことが推察できる．あるいは，テストが特定の機能に偏っていたとも考えられる．このような場合は，実施したテストの内容，範囲，偏りについて見直しを行い，適切な範囲，難易度のテストによる再テストを行うべきである．

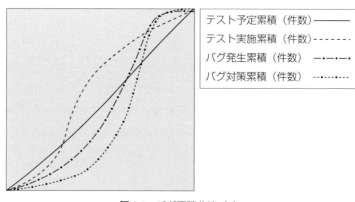

図2.3　バグ累積曲線（1）

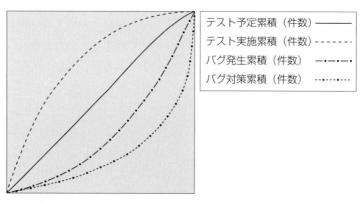

図2.4　バグ累積曲線（2）

このあたりはプロジェクトマネージャの手腕ということになるが，このような場面で，統計データが活用されるのである．さらに，この分析評価の結果，どのような手を打つか．これが重要である．このように，テスト進捗とバグ発生/対策の統計データは，示唆に富む情報であり，分析を必要とする．

2.5 運用，保守

運用，保守の段階では，稼働後のログにより，品質データを正確に把握することができる．そして，これらの統計データを単に「結果」としてとらえるのではなく「材料」としてとらえ，プロアクティブに活用すべきである．たとえば，あるプログラムが特定の条件で，異常が多発していれば，そこには何か問題があると考えるべきであろう．また，一定時間以上，稼働しているハードウェアは，定期的に交換すべきであろう．このような情報は，「勘」に頼る部分もあるが，やはり，統計情報に基づいた分析を行い，対処すべきである．ハードウェアは消耗品である．このため，一般的には，システムのライフサイクル上で，故障率の推移は，いわゆる「バスタブ曲線」(Bathtub Curve)（図2.5）となる．システム導入直後は，「初期故障」が発生し，やがて，「安定稼働」状態となるが，時を経て，「磨耗故障」が多くなり，システムの終焉を迎える．

この種のデータの採取, 分析については, ITSMS ISO/IEC20000ITIL（Information Technology Infrastructure Library）の範疇でもあり，ITSMS ISO/IEC20000ITILについても学習されることを勧める（第14章参照）．

図2.5　バスタブ曲線

本章では，ソフトウェアライフサイクルについて概観した．各フェーズでエンジニアをはじめ，開発ベンダ，保守要員などいろいろなステークホルダが介在し，ソフトウェアシステムが稼働し業務をまっとうする．IT業界で働く皆さんには，この全体像を掴んでいただきたい．

練習問題　2

【練習問題 2.1】
「要件定義書」に記載すべき項目を選べ（3つ）．
- ☐ システムの概要
- ☐ システムの価格
- ☐ 制限事項
- ☐ 納品物

【練習問題 2.2】
ソフトウェア開発における，内製／調達の判断基準として適切なものを選べ（4つ）．
- ☐ 費用
- ☐ 納期
- ☐ 品質
- ☐ 技術者のレベル
- ☐ 株価

【練習問題 2.3】
ソフトウェア品質の計測方法について正しい記述を選べ．
- ○ 品質の測定は困難であるので経験値に基づいて直感的に判断すべきである．
- ○ 品質は，多くの統計データに基づいて，総合的に判断すべきである．
- ○ ベテランの勘と経験に勝る指標はないのでベテランの技術を磨くべきである．

【練習問題 2.4】
「バスタブ曲線」は何を表しているか？
- ○ システムのメンテナンス周期
- ○ システムの耐用年数
- ○ システムの故障率の推移

Coffee Break

<u>ソフトウェアライフサイクルとビジネスサイクル</u>

　SE(System Engineer)をやっていた頃の話である．

　とあるお客さまと打合せの後に，先方のチーフとお茶をするチャンスがあった．いつも元気な人なのに，今日は少し元気がないようだ．コーヒーをすすりながら，「実はね」と切り出してきた．

　内心「来た！」と喜ぶ（業界では，お客様から，「実はね」という言葉が聞けたら，SEとして一人前と言われていたからだ）．そして，その続きは，「申し訳ない．予算が満額確保できなかった」という内容であった．思えば，この半年，精力的にプレゼンを仕掛け，やっと業者選定で残り，受注まで後一歩だった．とはいえ，チーフを責めるわけにもいかない．そこで，今回は，「フェーズ1」と称して，一部の機能を先送りにすることとした．残りは？ 当然，次期の予算の確保を約束していただくとともに，多少，商売っ気が出て，いろいろな拡張機能も盛り込むこととした．

　要するに，ビジネスは，「期」という区切りで動いており，「期」の予算が付いて回る．SEとして，これを意識した時期に提案をしたり，場合によっては，ソフトウェアライフサイクルをこの区切りに合わせることで，ビジネスサイクルを回すのである．

第 3 章

ソフトウェア分析

第3章 ソフトウェア分析

この章では，ソフトウェアの分析について学ぶ．分析にあたり，一般に「ソフトウェアは見えない」と言われるが，これを「見える化」するための手法を紹介する．ソフトウェアを分析の対象とした場合，以下のような分類ができる．

（1）ソフトウェアの物量に関する分析
（2）ソフトウェアの実行性能に関する分析
（3）ソフトウェアの開発工数に関する分析
（4）ソフトウェアの品質に関する分析

これらの分析結果は，結局は，品質(Quality)，コスト(Cost)，納期(Delivery)の形で表現することができ，これらの頭文字をとり，QCDと表現する場合もある．そして，システムを構築する際，QCDのどの項目が最も重要かを意識する必要がある．あるシステムでは品質が最優先であったり，他のシステムではコストは度外視で納期が最優先であったりと，いろいろな背景があろう．システムごとにこの情報をプロジェクトメンバーで共有すべきである．

■品質(Quality)最優先のシステムの例
やはり，人命に影響があるようなシステムでは信頼性（品質）が最優先項目である．
例：原子力プラントや列車の運行システムなど

■費用(Cost)最優先のシステムの例
システムに投入できる予算枠に制限がある場合（制限のない予算枠などありえないが）．
例：公共関連システム

■納期(Delivery)最優先のシステムの例
サービス開始時期が厳格に決まっており，時期がずれることは死活問題であるようなシステム．
例：携帯電話サービスシステム，イベント行事関連システム

重要なことは，何を優先するかということであり，別の見方をすれば，優先するもの以外は目をつむるということである．システムの開発では，想定外の出来事はつき物である．もちろん，綿密なリスク管理を否定するわけではないが，不測の事態が生じた場合の「落としどころ」も考えておくべきである．政治的な要因も複雑に絡むので一概に言えるものではないが，顧客のQCDに対する優先度は，押さえるべき重要な情報であることに間違いないであろう．

3.1　ソフトウェアの評価

　ソフトウェアはどうやって評価するのであろうか．ご存知のように，ソフトウェアは物理的に存在しないので，ものさしで測ったり重さを量ったり，見た目で品質を見極めるわけにはいかない．ソフトウェアの評価について考えるにあたり，なぜ，評価するのかを考えると分かりやすい．ソフトウェアを評価するのは，ずばり，価値を測りたいからである．価値を測るということは，別の見方をすれば，値段を決めるということである．ソフトウェアが商材として考えられるようになり，なんらかの形で測る必要がでてきたわけである．では，どうやって測るのであろうか．これは，ソフトウェアの可視化，数値化とも通ずるものである．

3.2　コードの物量（ステップ数）

　まずは，物量に関する評価を考えてみよう．一般に，大規模システムとか小規模システムとか，システムの規模を表す言葉があるが，これはどちらかというと，ハードウェアを含んだシステムの受注金額を指す場合が多い．これではソフトウェアの規模は測れない．そこで考えられたのがステップ数(number of steps)である．コンピュータの歴史を紐解いてみると，初期のソフトウェアは，アセンブリ言語や機械語で書かれていた．昨今，アセンブリ言語や機械語レベルの話は，なかなかピンとこないかもしれないが，これらの言語は，コンピュータの命令に近いため，1つの命令（つまり1ステップ）で処理できる操作は，ほんの，ちょっとしたことに限定される．これに比べ，C言語やFORTRAN，COBOLのような，第一世代のコンピュータ言語では，1ステップで，ある程度のことができる．少し，例を挙げて説明しよう．

　C言語で，

```
a = b + c;
```

と書いた場合，アセンブリ言語では，

```
Load  b, d0
Add   c, d0
Save  d0, a
```

というように，3ステップで実現する．

要するに，C言語の場合は1ステップであったものが，アセンブリ言語だと3ステップに膨れ上がるということである．つまり3倍の差になってしまうのである．そう考えると，ステップ数という指標には，たとえば「C言語に換算して」というような条件が必要になる（もっとも，現在，アセンブリ言語を使っている人も少ないので，高級言語換算で構わないと思われるが）．

このように，ステップ数というものは，一定の条件を与えればソフトウェアをプログラムレベルで物量として表す指標になりうるものである．しかし，問題がある．それは，高級言語であるがゆえに，同じ1ステップでもプログラムの書き方でいかようにもなるということである．そして，さらなる問題は，プログラミング言語の違いによる換算をどのように考えるか，という点である．これらは，こうすべきというお手本がないので，企業ごとに換算値を定義したり，前提条件として定義してからステップ数を使ったりしているのである．

3.3 コードの物量（オブジェクト容量）

次に，プログラムの容量を考えてみよう．ディスクやメモリが劇的に安くなった現在，これらはあまり，有効な尺度ではないかもしれない．プログラムの容量というのは，出来上がったプログラムが何バイトかということである．その昔，コンピュータのメモリは高価であり，数Kバイトのメモリにプログラムを押し込んで実行させていた．つまり，プログラムがコンパクトであることが重要であり，価値があったのである．このような時代であるから，プログラムを小さく，コンパクトに作ることができるコンパイラが重宝された．これは，該当ソフトウェアの評価というより，コンパイラの性能比較でもあった．とはいえ，現在でも，このような文化が無くなったわけではない．組込み型(embedded)のソフトウェアなどでは，限られたメモリ空間の上にプログラムを実装することが必要になるので，このような分野では，プログラム容量はソフトウェアを評価する上で重要なファクターとなって

いるのである．

3.4 可搬性

　昨今，ソフトウェアは，Windows PC をはじめ，Mac（Macintosh），UNIX や携帯電話など，いろいろなプラットフォームで動作することが望まれる．従来，ソフトウェアのオブジェクトは特定のプラットフォーム向けに開発され，そのプラットフォーム上でしか動作しなかった．このため，プラットフォームごとに開発してテストを行う必要があり，開発効率が良いとは言えなかった．そこで，登場したのが Java である．

　Java は，「プラットフォーム非依存」を謳い文句に開発された．Java では，従来のように，ターゲットとするプラットフォームのオブジェクトコードを生成するのではなく，アプレット（Applet）という中間コードを生成する．各プラットフォームでは，このアプレットが動作する実行環境を備えることにより，このアプレットは，プラットフォーム非依存になり，プラットフォーム間の可搬性が保証されるのである．もちろん，各プラットフォーム用に，「実行環境」として，ランタイムモジュール（runtime module）を作っておく必要はあるものの，既に，ほとんどのプラットフォーム用に Java の実行環境が無償で配布され備わっている．この Java の仕組みを使うことにより，従来のようにプラットフォームごとのソフトウェアを開発する手間はなくなったのである．

3.5 品質管理

　それでは，少し視点を変えて，ソフトウェアの品質について考えてみよう．もちろん，ソフトウェアの品質は高いに越したことはない．それでは，品質が高いとは，どんなことなのであろうか．

　まず考えられるのは，バグが無いこと．ソフトウェアにバグは付き物とも言われるが，やはり，バグが無いほうがよいのである．では，「バグが無い」ということをどうやって証明すればよいのであろうか．バグと分かっているが直していないので，バグがあるというのであれば，「バグが1つあります」とか言える（バグがあることが分かっていながら直さないのは，いかがなものか）．バグがあるか無いか

分からない状態で,「バグが無い」とは言い切れないであろう．であるから,強いて言えば,「摘出したバグは直しましたが,恐らく,もう無いでしょう」というのが関の山なのである．しかし,こんなことがカタログに書いてあったら,買う気にならないであろう．ということで,バグがあるか無いかというのは,結局はナンセンスな話になってしまう．したがって,ソフトウェアの品質の評価では,第2章で触れているように,それまでに消化したテストの数や密度,さらには,テストに費やした時間などから,総合的に判断して「潜在バグは少ないと思われる」ということが,とりも直さず,「ソフトウェアの品質」といわざるをえないのである．

しかしながら,こんな,中途半端な表現では実際のビジネスの現場では許されない．そこで,出てくるのが統計情報である．統計情報は,過去の実績値や経験値から,現在の不確かさを払拭するのに役立つであろう．では,

「我が社で開発したソフトウェアは,過去10年間,バグがほとんど無く稼動しており,連続稼動時間では業界No.1を誇ります．ですので,今回,開発した新システムも同様な品質が保証され,お客様には安心してお使いいただけます．」

という謳い文句があったとする．いかがであろうか．あなたは,安心してそのシステムを使うことができるであろうか．確かに,謳い文句が一切ない状態に比べれば,多少,安心かなと思うかもしれない．でももし,そう思ったとしたら,あなたは,お人よしであろう．この謳い文句の信憑性はどこにあるのであろうか．さらに,過去10年は輝かしい実績があるのかもしれないが,今回は新規に作り上げたものであり,過去の実績とは関係ないかもしれない．したがって,少なくとも,同じ手法で設計したとか,同じ開発者が手がけたとかいう条件が付加されれば,多少は信憑性が増してくる．もちろん,これも,言葉の上の遊びにすぎないが,過去の実績と比較するのは有効であろう．ただし,その実績が具体的な数字で表されていない限り,信憑性が乏しいといわざるをえない．したがって,ソフトウェアを「数値化」し,定量的な数値による評価をすることが,ソフトウェア工学の一つの目的なのである．

3.6　バグ発生率

品質が単にバグの発生率だけで語れるものであれば,1ステップ当りの発生バグ数にだけ注目すればよい．この数字は,プログラムの総ステップ数に対し,テスト

期間で発生した総バグ数で表されるであろう．一般に，バグというものはテスト実施件数に比例するので，テストをすればするほど，バグの発生件数が増えるということになる．ここで，考えてみよう．今，100ステップのプログラムがあったとする．

これまでに100件のテストをこなし，10件のバグが摘出されたとする．そして，さらに，50件のテストを追加的に実施したら，5件のバグが摘出された．この場合，追加テストを実施する前のバグ発生率は，以下のように求められる．

バグ発生率1 = 10［件］/100［ステップ］= 0.1［件/ステップ］

また，追加テストを実施した後のバグ発生率は，次の式となる．

バグ発生率2 = 15［件］/100［ステップ］= 0.15［件/ステップ］

すると，当然のことながら，追加テストを実施したほうが，バグ発生率が高くなる．

バグ発生率1 < バグ発生率2

では，追加テストを実施したほうがバグ発生率が高いので品質は低いのであろうか，それとも，追加テストを実施したことにより，新たな5件のバグを摘出したので，潜在バグが5件少なくなったと解釈すべきなのか．もっとも，このケースは潜在バグが50件くらい残っていると考えれば，追加テストをすることにより品質が上がったと考えるより，絶対的にテスト件数が少ないか，そもそもバグが多いということであろう．

ここで，注意したいのは，品質を評価する際，いろいろなパラメータが相互に関連するので，特定の指標だけで品質を判断するのは誤りであることである．そこで，前述のバグの発生と対策のタイミングや，バグの分布や重要度などを分析し，プログラム開発の現場で何が起きているかを洞察し，対策を講じる必要がある．

3.7 実行性能，ベンチマーク

ソフトウェアの評価尺度として，実行性能について考えてみよう．コンピュータ

(特に CPU) のリソース条件が厳しく，1分，1秒を争って計算機を使用していた時代があった．この時代，ソフトウェアの動作は1秒でも速いほうが良かったのである．それには，大きな理由があった．この頃は，計算機を時間単位で借りて，借りた時間分の料金を支払っていたのである．つまり，処理性能が遅くなると，それだけ，コンピュータ利用料という形の負担が大きくなる．このため，実行性能の良いソフトウェアが要望され，実行速度を競った時代があった．しかし，実行速度はソフトウェアだけで実現するものではない．ソフトウェアの発展と同時に，ハードウェアの発展が目覚しく，CPU 性能が格段に良くなるにつれ，ソフトウェアの実行性能はあまり重視されなくなってきた．また，コンピュータの普及に伴い，上記のように「計算機使用時間」に対する対価を支払うという考え方が薄れてきたのである．

しかしながら，速いに越したことはないので，この速さを示す指標がベンチマーク (benchmark) である．このベンチマークを表す単位として，MIPS (Million Instructions Per Second) なる指標があり，これは，ハードウェア的な指標で，コンピュータが一定時間にどれだけの機械命令を実行しうるかという指標である．

1 MIPS では，1秒間に 100 万個の命令を実行することになるが，実際の計算機の速さは，実装されるメモリの容量や，Disk の性能に依存するものである．そこで，公称 1 MPIS といわれる DEC 社の VAX-11/780[1]という計算機を指標とし，VAX-11/780 上で，Dhrystone と呼ばれる指標プログラムを動作させ，一方では，測定対象とする計算機で，同じプログラム (Dhrysone) を動作させ，VAX-11/780 との

[1] 1977 年 10 月 25 日に DEC の株主会議で公開された．この機種のアーキテクトはカーネギーメロン大学でゴードン・ベルが指導した Bill Strecker である．その後，様々な価格および性能，容量の派生機種が開発された．VAX は 1980 年代初期には非常に一般的になった．

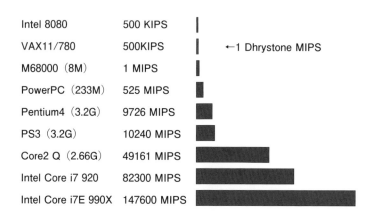

出典：Wikipedia (http://ja.wikipedia.org/wiki/MIPS)

図 3.1　MIPS 値の比較

比較をすることにより，対象とする計算機の実行性能を表現していた．たとえば，「10VAX MIPS」といういうのは，VAX-11/780 の 10 倍の性能であることを示した．その後，整数演算だけでなく，実数演算による指標(FLOPS)や，Dhrystone だけでなく，SPEC，LINPACK などのベンチマークプログラムが考案され，用途に応じて使い分けられるようになった（図 3.1）．

3.8 ファンクションポイント法

ファンクションポイント(FP:Function Point)法はソフトウェアの規模を客観的に計測し，開発工数を見積もるのに利用されている．先のステップ数との違いは，言語種別や開発手法に依存しないことである．ファンクションポイント法では，ソフトウェアの機能に注目し，その機能の難易度や他の機能との関連性から，ソフトウェアの規模や，開発するための「手間」を数値で表したものである．

FP（ファンクションポイント）値の算出では，以下のように，いろいろな数値を扱うが，これらは，数多くの事例から求めた統計的な経験値である．ファンクションポイント法での測定では，一般に，DFD(Data Flow Diagram)や，ERD(Entity-Relationship Diagram)を見ながら，機能ごとに FP 値を算出する．

FP 値 = 基準値 × (0.65 + 調整値 /100)

基準値は，機能別，難易度別に表 3.1 のように定められている．

調整値は，以下に示す項目ごとの影響度（0～5 の 6 段階で評価）の合計で求め

表 3.1 ファンクションポイントの基準値

基準値	容易	普通	複雑
外部入力（EI）	3	4	6
外部出力（EO）	4	5	7
外部参照（EQ）	3	4	6
内部論理ファイル（ILF）	7	10	15
外部インタフェース（EIF）	5	7	10

表 3.2　評価項目と影響度

評価項目	影響度（0〜5）
処理の複雑性	0〜5
データ通信	0〜5
オンラインデータ入力	0〜5
オンライン更新	0〜5
分散データ処理	0〜5
複数サイトでの使用	0〜5
トランザクション量	0〜5
性能条件	0〜5
高負荷構成	0〜5
エンドユーザの効率性	0〜5
変更の容易性	0〜5
システム運用性	0〜5
再利用性	0〜5
インストール容易性	0〜5
合計	調整値

表 3.3　影響度の意味

影響度	意味
0	該当しない．まったく影響なし．
1	弱い影響がある．
2	やや弱い影響がある．
3	平均的な影響がある．
4	かなり強い影響がある．
5	全体に渡り強い影響がある．

られ，影響度は，評価項目ごとに**表 3.2** のように定義されている．

ここで，影響度は，**表 3.3** の意味を持つ．

一般に，アプリケーションの種別により，調整値は**表 3.4** のようになる．

表3.4 アプリケーションの種類と調整値

アプリケーション種別	調整値
バッチアプリケーション	0.7 未満
フロントエンドアプリケーション	0.7〜0.95
対話型アプリケーション	0.95〜1.1
リアルタイム制御アプリケーション	0.95〜1.25

なお，ここでは，基準値を求める際のカテゴリとして，便宜上，(EI, EO, EQ, ILF, EIF) のすべてを用いて算出したが，ILF と EIF を使った試算値を用いることもある．

$$試算値 = 35 \times ILF + 15 \times EIF$$

また，EI, EO, EQ を用いた概算値（容易），ILF, EIF を用いた概算値（普通）などの指標もある．

ここで，求めた FP 値から原価の見積もりをする方法として，COCOMO (COnstructive COst MOdel) が提案している手法があるが，最終的には該当ソフトの開発を行う担当者の作業単価が大きく影響する．このため，各企業では，これらを経験値として蓄積している統計情報より逆算した換算値を使って，簡易的に算出する場合もある．

$$原価 = FP 値 \times 作業単価 \times 換算値$$

このように，ファンクションポイント法を用いることにより，ソフトウェアの規模を，開発手法に依存しない形で，数値化して評価することができる．しかしながら，これらの数値は，過去の実績や，統計情報の上に成り立つものであり，FP 値は数値単独で扱うような性格のものではない．

3.9 コンテンツ

ここで言うコンテンツとは，静止画像，動画，音声情報，BGM，AR[2]/VR[3] コンテンツのようなマルチメディア系の情報の総称である．これらは，ソフトウェアの一部として扱われることも多く，これらの出来栄え，見栄え（映え）もソフトウェア品質の一部と考えられる．そこで，コンテンツの良し悪しをどのように評価するかというテーマがクローズアップされてきた．品質面を考えると，恐らく，コンテンツの品質はユーザが決めるものだろう．これまで，ソフトウェアの品質は，作る側が実用に耐えうる品質を見定め，その品質をクリアした状態で市場にリリースされていた．ところが，前述のようなマルチメディア系のコンテンツの場合，品質はユーザ側が決めるものかもしれない．そのため，コンテンツの開発では，ユーザが満足するまで，何度となく，手戻り作業が発生する可能性が高く，おのずと，不確実性が高くなる．このため，スパイラルモデル (4.2 節) や反復型開発プロセス (4.3 節) が用いられる場合が多い．

3.10 使い勝手

これまでに分析評価の切り口として，数値化できる指標を持つもの，つまり定量的な評価ができる資料について取り上げてきた．しかしながら，もう一方では定性的な評価も考えられる．いわゆる「使い勝手」に関する評価で，エンドユーザが多種多様となることにより重要視されるものではないだろうか．使い勝手の評価のポイントとしては，以下の5つが考えられる．

①**画面の視認性**

現在，ほとんどのソフトウェアは，画面での操作部分を持っているだろう．いわゆる GUI(Graphic User Interface) であるが，画面の色や配置などはもちろん，そのソフトウェアが何をするソフトウェアなのか，また，何ができるソフトウェアなのかを利用者が認識できることが望ましい．もちろん，利用者自身の IT 成熟度 (IT リテラシー) にも左右されるであろうが，ソフトウェアの設計者としては，このような意識を持っていたいものである．認識する対象は，ソフトウェアの機能だけではない．そのソフトウェアが扱う情報を識別しやすい形で表現できることも含まれ

---

[2] 拡張現実(Augmented Reality)．人が知覚する現実環境をコンピュータにより拡張する技術，およびコンピュータにより拡張された現実環境そのものを指す言葉．

[3] 仮想現実(virtual reality)．現物・実物（オリジナル）ではないが機能としての本質は同じであるような環境を，ユーザの五感を含む感覚を刺激することにより理工学的に作り出す技術およびその体系．略語として VR とも．日本語では「仮想現実」と訳される．古くは小説や絵画，演劇やテレビなども，程度の差こそあれ VR としての機能を有している．

る．たとえば，表計算のソフトウェアで，大きな表（行，列が多い）に細かな数値がたくさん表記されていた場合，行の背景色を交互に塗り分け，縞模様にして「行」の識別を分かりやすく表現するような工夫も，視認性の向上に寄与しているだろう．また，グラフィック系のソフトウェアとして，デジタルカメラのアルバムソフトを例にして考えると，この種のソフトウェアは，画像情報のデータベース（database）に分類される．画像の表示検索では，縮小画像での表示（サムネイル[4] 表示）が効果的に使われていることが分かるだろう．また，単に，画像検索機能だけではなく，画像の編集機能を搭載したものも少なくない．

　「見せ方」という意味では，先の表計算ソフトウェアを例にすると，表の全体を見たい場合もあり，一部を拡大表示したい場合もある．また，列の見出しを固定的に表示し，データが埋まっている表の部分をずらしながら表示することができるなど，見せ方に関する工夫が見られる．さらに昨今は，高齢者や，身体障害者がPCなどを使う場合が増えているため文字の大きさを簡単に変更できたり，画面上で使う色種やコントラストなどを意識したり，画像情報に関連する文字情報を付加して画像の内容を表現したり，音声読み上げにより記載内容を識別できるようにしたりする，アクセシビリティ[5]（accessibility）に関する研究も進んでいる．

② 操作性

　上記の視認性にも含まれるが，現在ほとんどのソフトウェアは，画面による操作部分を具備している．ここで「操作」とは，マウスによるクリックやドラッグ，またキーボードによるキャラクタ文字の入力である．マウスによる操作の多くは，メニューの操作とボタン操作であろう．メニューについては，ある程度分類分けができており，多くのソフトウェアが同じようなメニュー配列になっていて，利用者にとっては，利便性が向上しつつある．たとえば，Windows で動作する PC ソフトウェアの場合，「印刷」メニューは，「ファイル」メニューに含まれているだろう．また，文字によるメニューだけでなく，頻繁に使う操作をアイコン化して登録したり，キーボードショートカットとして登録することもできる．さらに最近は，独自の傑作パネルである「ウィジェット」（ガジェット）のようなものも登場してきた．その一方で，Windows系のPCには，マウスのボタンが２つあるが，Mac（Machintosh）のマウスでは，１つである．Windows と Mac（Machintosh）に同じソフトウェアを提供する際，双方の操作性を考慮しなければならないだろう．

③ 入力補助（default 値の選定）

　操作性にも関連するが，ユーザに選択肢を求める場合，最も頻出する項目をあらかじめ選択した状態にしておいて，ユーザの選択の手間を省く機能がある．この場

[4] 画像や印刷物ページなどを表示する際に視認性を高めるために縮小させた見本．

[5] 近づきやすさやアクセスのしやすさのこと．利用しやすさ，交通の便などの意味を含む．国立国語研究所「外来語」委員会は日本語への言い換えとして「利用しやすさ」を提案している．

合，あらかじめ選択しておく選択肢をどの項目にするかを吟味することにより，ユーザの操作性が格段に向上する．たとえば，オンラインで書籍を購入する際，ほとんどの場合，購入冊数は，1冊であろう．このような場合，購入数を入力する欄は，あらかじめ「1」が設定されており，購入者は，目視で確認するだけでマウスの操作を必要としない．また，複数の項目を設定する場面では，1つ目の項目を設定すると残りの項目の選択肢が，自動的に決まる場合がある．

たとえば，ディナーを選ぶ画面を設計する場合，メインディッシュで肉料理を選んだ場合，次に選択するワインリストは，赤ワインのリストを表示し，メインディッシュで魚料理を選択した場合は，白ワインのリストを表示したほうが親切であり利便性が向上する．このように，項目の選択で依存関係があるような場合，最初に選択した内容を動的に解釈して，次に選択する項目のdefault値を動的に変更することにより，使い勝手を向上させることができる．

このように，リコメンド（recomend）を出力することで，ユーザの入力の助けとなるのと同時に，誤入力を避けることで，システムの信頼性の向上にも寄与する．また，昨今は，AI技術の応用例として，chat bot[6]と呼ばれる技術も普及しつつある．これは，事前に所定の手続きやシーケンスを記録することで，FAQのような定型文書を動的に生成し，会話形式による入力の補助を実現する．あたかも，有人で対応をしているかのように，コンピュータに応答させるものである．これは，問合せ窓口の業務の自動化でもあり，RPA（P.95）の一環でもある．

④互換性

これまでのGUIや操作だけでなく，当該ソフトウェアを継続的に使うことができるかという観点も必要である．このためには，互換性を保った形でアップグレードをしていかなければならない．また，業界ごとに標準的な接続仕様（インタフェース）を持っており，この部分の接続仕様に互換性がないと使い物にならない場合もあるだろう．いろいろなソフトウェアを組み合わせて機能を実現することが，今後ますます進むであろう．この場合，互換性や相互接続性が，ソフトウェアを使い，または選定する上での重要な要素になる．

⑤ガイダンス

いわゆるオンラインマニュアル，またはヘルプ機能のことである．ソフトウェアごとに「ヘルプ」メニューを持ち，利用者がソフトウェアを使用中に疑問に思ったり操作が分からない場合，「ヘルプ」によるガイダンスが有益である．しかしながら，「ヘルプ」の内容がお粗末であったり，表現が分かりづらいため，結局，「分かる」という目的を達成できない場合も少なくない．これでは，本末転倒なのである．も

---

[6] 人工知能（AI）を用いて人間と自然な対話・応答を行うコンピュータプログラムの総称．特にTwitterをはじめとするソーシャルメディア等でユーザの問いかけに反応するボットを指す場合が多い．

ちろん，開発者側の擁護をするのであれば，ソフトウェアの本体の開発や品質の確保のために，ヘルプ機能に費やす時間が制限されることも理解できるが，ソフトウェアの不満理由の上位に「ヘルプ機能」を挙げるユーザが多くいることも認識しておきたい．昨今は，インターネット環境に繋がっている場合が多いので，ヘルプ機能を自社サイトに作り込み，該当ソフトウェアの画面から，自社サイトに誘導する形とすれば，「ヘルプ機能」の改訂の手間も省け，有効であろう．

　本章では，ソフトウェアの分析について解説した．過去，「見える化」の一環としていろいろな施策が試みられているが，唯一絶対的な評価方法があるわけではない．ソフトウェアシステムの用途や目的を鑑み，その環境下でのよいソフトウェアを見極めていくことが重要である．そのために，これまでの説明が役に立てば幸いである．

練習問題　3

【練習問題 3.1】
ソフトウェア開発の観点で，よいソフトウェアの条件として最も適切でないものを選べ．
- ○　可視性
- ○　保守性
- ○　可搬性
- ○　低価格

【練習問題 3.2】
使い勝手が向上するために考慮すべき項目を選べ（3つ）．
- □　文字の色
- □　ヘルプ機能
- □　価格
- □　default 値の選定

【練習問題 3.3】
ソフトウェアの評価で，昨今，最も重視されなくなった指標を選べ．
- ○　オブジェクト容量
- ○　実行性能
- ○　使い勝手

【練習問題 3.4】
「ファンクションポイント法」が活用できない場面を選べ．
- ○　オフショア開発（海外への開発委託）
- ○　パッケージによる開発
- ○　組み込みシステムの開発

Coffee Break

プログラミング・コンテスト

　ソフトウェア会社に勤務していた頃，プログラマーのスキルを競わせるため，「プログラミング・コンテスト」を開催した．参加者に「要件定義」を配り，制限時間内にプログラムを提出させる．参加したのは，新人プログラマーから，数名の腕利きプログラマー．趣旨に賛同できず，無視するプログラマーもいた．そもそも動機が不純で，上司に結果が報告されるとなると，なかなか参加しづらかったかもしれない．

　結果，いろいろなプログラムが提出された．ちゃんと動作するものもあり，動かないものもあった．しかし，最大の失敗は，評価項目が決まっていなかったことである．結果，なかなか評価できず，最終的には参加者に謝罪してすべてが終わった．あれは，何だったのか？という不信感だけが残った．今だから話せる，苦い経験である．

　ただ，昨今，大学生，高専生などの若年層を対象とする，ACM (Association for Computing Machinery) 主催のプログラミング・コンテストや U-20 プログラミング・コンテストなど，若年層のプログラミング技術の向上を支援する活動もあり，喜ばしいことである．

第 4 章

開発プロセス

この章では，時代とともに変遷した各種の開発モデルを紹介する．これらは絶対的な手法ではなく，開発対象により，使い分けていくものである．このため，使い分けるために必要な知識として，それぞれの特徴やメリット，デメリットについて解説する．

4.1　ウォーターフォール型開発プロセス

ウォーターフォール（water fall）型開発プロセス（図 4.1）は，今や古典的と思われるかもしれないが，一連の開発プロセスの議論の中で，その出発点であることに疑いはないであろう．提案者ははっきりしないが，1970 年の Winstone Royce の文献で紹介されているものが起源とされている．その中では，複数の段階を経て開発が行われるべきだと主張されていた．この複数の段階というものが，フェーズである．

これらのフェーズの名称は各組織によって異なるかもしれないが，フェーズに分割し，上流から下流へ順に進めるという考え方は共通である．上流である「要件定義」フェーズから，下流の「テスト」フェーズまで，ちょうど水が流れるように作業が進み，決して逆行することはない．一つひとつのフェーズの区切りで，フェーズごとに生成される成果物を厳格にレビューし，不十分な場合は先に進めない．これにより，後戻りがなく，開発が進められるという考え方である．

実際，このモデルは，「V 字モデル」（図 4.2）と併せて説明される．V 字モデル（V-Model）とは，上記のウォーターフォール型の各フェーズを V 字型に配置したモデルである．

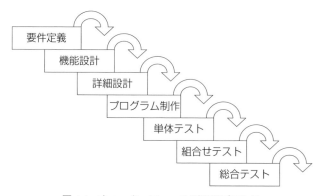

図 4.1　ウォーターフォール型開発プロセス

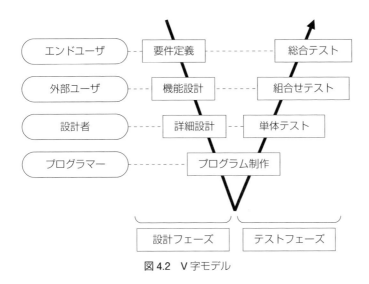

図 4.2 V字モデル

　プログラム制作フェーズを中心に，前半（設計フェーズ）と後半（テストフェーズ）に分け，前半をVの文字の左側に，後半を右側に配置する．Vの文字の左上から設計フェーズが始まり，プログラム制作フェーズでV文字の下の頂点に達し，後半のテストフェーズはV字の右側に沿って折り返し，右上に至る．ここで注目すべきことは，各フェーズのステークホルダを考えると，要件定義はエンドユーザがステークホルダであり，この要件は，総合テストで検証される．同様に，機能レベルのテストは組合せテストで検証され，詳細レベルのテストは単体テストで検証される．つまり，各レベルの設計とテストが対応しており，同時に，ステークホルダも対応しているわけである．

　このように，ウォーターフォール型開発プロセスは，企業レベルでソフトウェアを開発するのに適しており，ほとんどの企業が，ウォーターフォールモデルを採用し推奨している．この理由として，以下のものが考えられる．

- フェーズ分割しやすく分業体制が展開しやすい．
- 各フェーズの終結が明確であり，進捗管理が容易である．
- 成果物が明確で，成果物をレビューすることで管理が可能である．

同時にこれは，このモデルの特徴でもある．一方，ウォーターフォール型開発プロセスでは次の欠点が指摘されている．

- 後工程に「しわ寄せ」が集中する

- 納期逼迫などにより，すべての仕様が実現されない場合がある

これらの欠点をカバーすべく，次節に述べるスパイラルモデルが提案された．

4.2 スパイラルモデル

スパイラルモデル（spiral model）（図4.3）は，上記のウォーターフォール型開発プロセスにおける欠点を補う目的で考案された．つまり，プログラム開発を小さなフェーズに分割し，フェーズごとにプロトタイピングによるデモンストレーションを行い，顧客からの評価内容をフィードバックする．このように，顧客の要望を早い段階から理解し取り込むことができ，最終的に顧客のイメージと近いものが出来上がる．これは，顧客の参加意識を醸成することにもなり，顧客の協力を得やすいというメリットがある．また，先に説明したとおり，ウォーターフォール型開発の欠点とされる，後工程への「しわ寄せ」が集中するリスクを低減でき，最終的に顧客の満足度を向上させることができる．

ただし，一方では，度重なるプロトタイピングにより，予想外に作業量が増え，当初のスケジュールが大幅に遅延するリスクが伴う．とはいえ，新しい技術を採用するなど，不確定な要素を多く含むような場合，スパイラルモデルが有効に働くことがある．つまり，FS（feasibility study）を行いながら作業を進めることができ，開発終盤で実現不可能という最悪の事態は免れるであろう．

図4.3 スパイラルモデル

4.3 反復型開発プロセス

スパイラルモデルと同様に，独立させても意味がある機能範囲を分離独立させ，これを「反復」と呼ぶ単位で管理する．反復ごとに機能要件が整理され，開発，提供が可能である．反復型開発プロセスは，「積み上げ方式」とも呼ばれ，このような「反復」をインクリメンタルに提供する．

反復型開発プロセスでは以下のメリットが考えられる．

- 部分的に少しずつ確実に完成させていくので，顧客の要求を確実に取り入れることが可能であり，顧客満足度を得られやすい．また，部分的な完成時期をコントロールできる．
- 契約を分割することができるので，部分的な納品ができ，契約不履行や，瑕疵（かし）のリスクが低減される．

反面，以下のデメリットも考えられる．

- 機能を分割するため，比較的大規模なプロジェクトにも適応可能であるが，あまり細かく分割すると，分割のための作業や管理業務が増える可能性もあり，分割の粒度は，反復単位で顧客が機能確認できるレベルが望ましい．
- 全体像が見えにくくなり，最終的な完成図が掴みづらくなる．
- 変化が激しい環境では，既納品との整合性を保つ努力も必要である．
- 単独の機能ではなく一括して稼働することが必要なシステムでは，分割することにより意味がなくなり，分割することが不可能な場合もある．

4.4 アジャイルプロセス

上記以外にも，エクストリームプログラミング(eXtreme Programing, XP)[1]，適応型ソフトウェア開発，クリスタル，スクラム，ユーザ機能駆動型開発(FDD)[2]など，さまざまなソフトウェア開発方法論が提案され，議論されている．これらの方法論を包含する形で，アジャイル(agile)という言葉が定義された．アジャイルとは「機敏な」という意味である．2001年には，「アジャイル宣言」がなされた．このアジャイルに対して，従来から，計画駆動型あるいは，ウォーターフォール型

[1] ケント・ベックらによって定式化され，提唱されているソフトウェア開発手法．柔軟性の高い開発手法であるため，難易度の高い開発やビジネス上の要求が刻々と変わるような状況に向いている．

[2] 反復的ソフトウェア開発工程の一種．アジャイルソフトウェア開発手法の一つでもある．FDDは業界におけるいくつかのベストプラクティスを混合したものである．それらはすべて，顧客にとっての機能価値(feature)という観点で駆動される．その主な目的は，実際に動作するソフトウェアを繰り返し，適切な間隔で提供することである．

の開発プロセスで重要視されている各種のルールや規律のことをディシプリン（discipline）という．アジャイルでも一定のルールは存在するが，それは，硬直的なものではなく，変化に対応して無駄を廃し，最適な手法で動くソフトウェアを提供することを優先する．「アジャイルの価値」として以下が掲げられている．

> ■プロセスやツールよりも，個人や相互作用
> ■分かりやすいドキュメントよりも，動くソフトウェア
> ■契約上の駆け引きよりも，顧客とのコラボレーション
> ■計画を硬直的に守るよりも，変化への対応

また，アジャイルでは，以下の「コンセプト」を持つ．

> ■変化の受容性
> ■速いサイクル／頻繁な納品
> ■シンプルな設計
> ■リファクタリング
> ■ペアプログラミング
> ■レトロスペクティブ
> ■暗黙知
> ■テスト駆動型開発

これらの詳細については，ここでは割愛するが，興味があれば関連文献を参照されたい．また，開発の進め方としては，以下のような「アジャイル開発の12の原則」が掲げられている．

> **アジャイル開発の12の原則**
> （1）ソフトウェアの早期，継続的な納品によって顧客の満足度を達することが最優先である．
> （2）開発の終盤であろうとも，要求内容の変更を歓迎する．アジャイルなプロセスは，顧客の競争上の優位性のため，変化を制する．
> （3）数週間から数か月のサイクルでソフトウェアを納品する．サイクルは短いほうがよい．

(4) ビジネス側の人間と開発者がプロジェクトを通じて日々協力しなければならない．
(5) 志の高い開発者を中心にプロジェクトを編成する．必要な環境や支援を与え，任務をやり遂げることを信じること．
(6) 開発チームの内外で最も効率的で効果的な情報伝達を行う手段は，顔を突き合わせることである．
(7) 動作するソフトウェアが主たる進捗の確認手段である．
(8) アジャイルなソフトウェア開発は，持続的な開発を促す．開発資金の提供者，開発者，ユーザは，必ず一定のペースを守るべきである．
(9) 技術力とよい設計に絶えず気を配ることで，機敏さを向上する．
(10) 不必要なことは行わないという簡潔さは本質的である．
(11) 自己組織化されたチームから最善のアーキテクチャ，要求，設計が生まれる．
(12) 定期的に，チームはもっと効果的になる道を考え，開発の進め方を調和させ，調整する．

過去，少なからず開発（計画駆動型）の経験がある方が，この「アジャイル宣言」を見ると，恐らく，以下のような意見を持つことであろう．

「これは，理想的な環境であり，現実的には難しい．」
「優秀な開発者だけとは限らない．」
「こんなことができるのは，理論だけの世界である．」

ただ，この宣言の言葉だけを理解するのでなく，宣言が生まれた背景を理解することにより，この宣言をより深く理解することができるであろう．そもそも，アジャイルの考え方は 1990 年頃から存在した．当時，「リーンシンキング」のような考え方があり，いかにしてリーン（無駄の無い）プログラムを作るかということがテーマであった．この考え方は，プログラム制作だけに当てはまるわけではない．製造業における，トヨタ自動車のカンバン方式の基になった「ジャストインタイム」の考え方も，時間の無駄と在庫の無駄を取り去ったものである．

リーンシンキングの実現の方法としては，当時のフォーラムでは，以下の「7 つの原則」，「22 のツール」を掲げていた．これらについて簡単に触れておこう．

①**無駄を排除する**
　（1）無駄を認識する
　　無駄を排除するためには，認識しなければいけない
　（2）バリューストームマッピング
　　価値を付加させていく流れを整理し，無駄を視覚的に認識する．
②**学習効果を高める**
　（3）フィードバック
　　フィードバックはゴールでのズレを少なくする．フィードバックループは短いほうがよい．
　（4）反復
　　顧客への提出の単位を小さく，期間を短くし，できることを確実に実施し，顧客満足度に繋げる．
　（5）同期
　　FDD（Fuature Driven Development）（ユーザ機能駆動型開発）では複数開発者でコードを共有するため，同期は不可欠である．複数のチームの同期により，まずは，スパニングアプリケーションで一気通貫テストを通す．これで，見通しが立てられる．
　（6）集合ベース開発
　　点ベースより集合ベースで考えたほうが情報量が多く，無駄なコミュニケーションが減る．（例：日程調整）
③**できるだけ決定を遅らせる**
　（7）オプション思考
　　適応型プロセスでは，オプションを活用してリスクを低減する．不確実性が解消するまで，決定を遅らせることになる．
　（8）最終責任点
　　最終責任点とは，決定を下し損ねると重要な代替策がなくなるときのことである．
　（9）意思決定
　　深さよりも広さを優先することで，誤った判定をする確率が減る．直感的な意思決定が有効な場合もある．
④**できるだけ早く提供する**
　（10）プルシステム
　　プルにより歩留まり（無駄）が減る．

(11) 待ち行列理論
　・待ち行列を短くすることにより，待ち（無駄）を排除する．
　・到着時間，サービス時間の平準化により，サイクルタイムを短縮する．
(12) 遅れのコスト
　・プロジェクトごとの損益管理だけではない．
　・発売日の遅れは，改修時期を遅らせ，市場を奪われる．

⑤チームに権限を与える
(13) 自発的決定
　　自分で立案した提案は成就する．
(14) モチベーション
　・魅力的な目的の提示と理解．
　・自身のコミットメント．
　・実現確率を高める環境作り．
　・懐疑主義者を排除．
(15) リーダーシップ
　・情熱的ビジョンを持つ．
　・モチベーションを鼓舞し尊敬される．
(16) 専門知識
　・専門知識は社内コミュニティで醸成される．
　・修理技術者＝専門家．

⑥統一性を作り込む
(17) 認知統一性
　・外面的な統一性．
　・見た目の統一感による使い勝っての良さ．
　・信頼性，経済性，バランス．
(18) コンセプト統一性
　・内面的統一性．
　・ぴったりとした収まりの良さ．
　・調和，心地よさ．
(19) リファクタリング
　　リファクタリング（手直し）により，統一性を保つ．
(20) テスティング
　・テストは製品仕様を物語る．

- テストはフィードバックを得るためのツールである．
- 自動テストスィートは論理的な足場を作る．

⑦ **全体を見る**

(21) 計測
- 5つのなぜによる根本原因の追究．
- 局所最適化の悪影響を排除．
- 生産性の測定．（標準化，仕様化，分解）
- 情報化計測．

(22) 契約

アジャイルプロセスに適する契約形態．
- 時間資源契約（作業請負契約）
- 多段階契約
- 目標コスト契約（パートナーシップの構築）
- 利益共有契約

ここで，お気づきの読者も多いと思うが，従来から広く知られ，活用されている計画駆動型（ウォーターフォール型開発プロセス）や，PMBOKで推奨するベストプラクティスを考えると，「できるだけ決定を遅らせる」や「できるだけ早く提供する」というのは，タブーとされている．しかしながら，一方で，全体を見てモチベーションを上げ，学習効果を高めることにより無駄を無くし，理想的なチームを作るという考え方は，ある意味，計画駆動型でも共通の課題である．つまり，アジャイルの考え方を全面的に否定するのではなく，計画駆動型でも共通的に使える部分もあるのである．仮にこれらの部分だけでも実現することができれば，今まで，現実的ではないであろうと，詳しく思っていたことが，もしかしたらできるかもしれないと思えてくる．一般的に，アジャイルプロセスを実施するためには，従来の考え方や文化を変え，今までタブーとされていたことに，敢えて挑戦することが必要となる．また，このような背景を理解しないと，アジャイルプロセスの真髄は理解できないであろう．

では，ここで試していただきたい．本節で紹介した，「7つの原則」と「22のツール」の考え方を頭に浮かべながら，もう一度，冒頭で紹介した「アジャイルの4つの価値」，「アジャイルのコンセプト」，「アジャイル開発の12の原則」に立ち返って読み直してみよう．以前，初めて「アジャイル宣言」を読んだときより，理解が深まったのではないであろうか．

4.5 開発手法の使い分け

それでは，アジャイルと計画駆動型の特徴を比較してみよう（表4.1）．

理論的背景はさておき，今後，ソフトウェア開発の現場に居合わせた場合，これらの開発手法をどのように位置づけ，活用していくべきであろうか．アジャイルプロセスが考案されて以来，アジャイルプロセスか，計画駆動型（ウォーターフォール型開発プロセス）かという議論が絶えない．しかしながら，ビジネスの現場では，どちらを選択するか，という問題ではなく，これらの特徴を理解し，プロジェクトの特性を鑑みて臨機応変に使い分けることが得策なのである．このためには，両者の違いを正確に掴み，その特徴を理解して方式を選定する必要があろう．表中で註釈をつけた言葉についても説明しよう．

表4.1 アジャイルと計画駆動型の特徴

		アジャイル	計画駆動型
対象プロジェクト	目標	変化へ対応, 速さ	安定性, 確実性
	規模［人数］	小〜中［〜30］	中〜大［30〜］
	環境	プロジェクト中心	組織中心
マネジメント	顧客との関係	オンサイト顧客（＊）	文書, 契約
	計画と管理	プロセス重視	計画重視
	コミュニケーション	双方向 N(N-1)/2	一方通行（1:N）
技術的特徴	要求	Flexible	早期 Fix
	開発	YAGNI（＊）	複雑なアーキテクチャ
	テスト	テストファースト インクリメンタルテスト	自動テスト 一括テスト
人の特徴	顧客	CRACK（＊）	官公庁など
	開発者スキル（＊）	レベル 1B 不可	レベル 1B 可
	組織文化	自由闊達 個人重視	秩序とルール 官僚的

（＊）：後述

■ オンサイト顧客
顧客参加型でフランクに会話ができる関係のこと.

■ YAGNI(You Aren't Going to Need It)
「いずれ,必要でなくなる.」という意味であり,必要でないものは作らない.つまり,「シンプルな設計」という意味.

■ CRACK
顧客が,協力的(Collaborative)で,意志がはっきりしており(Representative),権限があり(Authorized),献身的(Committed)で,知識がある(Knowledgeable)ことを表す.

■ 開発者スキル
開発者側のスキルレベルを以下のように分類(表4.2)し,アジャイルプロセスでは,レベル3,2のメンバーを主体に構成し,1B以下の人はメンバーに含めない.アジャイルプロセスを成功させるためには,有能な人材を集める必要がある.自己の経験と暗黙知(第10章参照)により,自律的に機敏に行動できるメンバーで,少数精鋭部隊を構成する必要がある.若年メンバーを混在させ,OJTにより教育をする余裕はないのである.

開発手法に関しては,いくつかの誤解がある.たとえば,

- 文書を作らないことがアジャイルである.
- アジャイルでは計画を立てない.
- 計画駆動型は,成熟度が高ければ成功する.
- 計画駆動型は,有能な人がいなくても成功する.

表4.2 メンバーのレベルと特徴

レベル	特徴
3	先例のない新しい状況に適合するために手法を改訂することができる
2	先例のある新しい状況に適合するために手法をカスタマイズすることができる
1A	トレーニングを受ければ手法の手順のうち自動裁量の部分を遂行することができる
1B	トレーニングを受ければ手法の手順のうち手続き的な部分を遂行することができる
-1	技術的スキルは持ち合わせているかもしれないが,協調したり共通の手法に従ったりすることができない

しかしながら，読者は，これらのいずれも正しくないことを容易に見破ることができるであろう．アジャイルに関しては，残念ながら実証データが少ないため，理論が先行している感は否めない．このような誤解が生まれるのは，これまでに説明したいろいろな事柄に対して特定の視点から偏った見方をしているためであろう．いずれの方法論も，もっと複合的で複雑なものである．それではどのように分析し，判断すればよいのであろうか．開発手法の選定は一義的ではない．

そこで，以下のような5つの視点（規模 / 重要度 / 変化の度合い / 人 / 文化）（図4.4）を考え，レーダーチャートにプロットし五角形の面積が小さいほうがアジャイルに適していると考える．各軸の向きはそのままで，目盛りはそれぞれのビジネス環境に合わせて決める．

ここまで説明をすると，アジャイルと，計画駆動型の特徴はある程度理解でき，どんな場合に有効かを説明することができるであろう．しかし，実際のビジネスシーンではどうであろうか．上記のような分析評価により，仮に，計画駆動型が適すると思われ，計画駆動型を採用したとする．その後，予測不可能な事態が発生した場合を考えてみよう．計画駆動型の場合，これは，「リスク管理」の範疇である．一般に，リスク管理では，予測可能なリスクと，予測不可能なリスクがあり，予測可能なリスクに対してはあらかじめ対応策を検討しておく．そして，予測不可能な事態になった場合は，PMBOKで言うところの，コンティンジェンシープラン（contingency plan）を発動する．

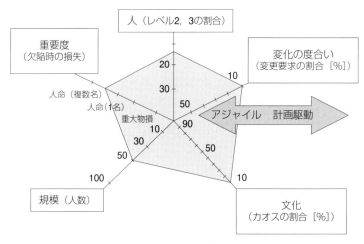

図4.4　5つの視点

> ・予測可能なリスク　⇒　リスク対応策を検討しておく
> ・予測不可能なリスク　⇒　コンティンジェンシープランを発動

　コンティンジェンシープランとは，不測の事態に備える「代替策」であり，ある程度のペナルティを覚悟して，「仕切り直し」をするわけである．しかし，もう少し考えてみよう．このような事態になる前に何らかの予兆はなかったのであろうか．天災，事故など，全く予測が不可能な外的な要因もあるかもしれないが，よく注意すれば，予測可能なリスクであったかもしれない．仮に予測ができたとすると，その時点で，リスク管理の一環として，対応策を検討することができる．これにより，コンティンジェンシープランを発動しなくても済むようにコントロールできたのではないであろうか．

　別の見方をすれば，「リスク管理」とは，「余裕度の管理」である．プロジェクトマネジメントでは，常にリスクを探す努力をして，リスクを予測し管理し対処するための時間的，精神的，予算的，工数的な余裕を「切り札」として，別枠として持っておくことを勧めている．これは，いわゆる，「懐の深さ」と考えることもできる．そして，これらの「余裕」は，アジャイルの俊敏さから生まれるものかもしれない．

　無駄なく，最適に作業をこなすことができると思うからこそ，決定をぎりぎりまで遅らせることができ，変化にも俊敏に対応でき，リスクにも対処できるのである．このように考えると，プロジェクト開始時は，計画駆動型で事を進め，突発的な事態の対処は，アジャイル的な手法でこなすというような，臨機応変，状況適応型の手法もありうるのではないであろうか．実際，アジャイルを推進する関係者の中にも，このような「折衷案」を認め，むしろ，場合によっては「折衷案」のほうが適合するという考え方を持つ人も存在する．

　以上，いくつかの開発プロセスとその考え方，長所，短所について説明した．しかしながら，どの手法が最適であるか，一概に言えるものでもない．対象とする開発の特徴を掴み，どの手法を採用するかはプロジェクトマネージャに課せられた責務である．たとえば，以下のような思考プロセスで手法を選定する．

> ①新技術や顧客の操作画面を含む開発
> 　・新技術の実現性検討が必要
> 　・顧客操作画面のプロトタイピング
> ⇒スパイラルモデル

②既設の製品のマイナーチェンジ
⇒ウォーターフォール型開発プロセス

　また，大規模な案件では，プロジェクトをいくつかのサブプロジェクトに分割し，それぞれが，異なる開発手法を採用することもありうる．この場合，全体としての整合性を保つ努力が必要であろうが，そぐわない開発手法を押し付けることは避けるべきである．

　ビジネスの現場は，すべてが応用問題であり，教科書どおりには事が進まない．このため，開発案件の特徴を掴み，その特徴を考慮した開発手法を採用することが望ましいのである．また，いずれの開発手法も実施するのはエンジニア（人）である．このため，人的リソースのコントロール（スキル，モチベーション，コミュニケーション）がプロジェクト成功の最大の鍵であることも忘れてはならない．

　今後，プロジェクトマネージャには，これらの開発手法の特徴を押さえるとともに，それぞれの手法を効果的に組み合わせてマネジメントするスキルが望まれる．これに応えるためには，いろいろな理論や知識を学び，その上に経験を重ねることである．まずは，得意とする開発手法に慣れ親しみ，確立することをお勧めする．そして，その上にオプションとして付加できる各種の手法を学び，追加するのである．将来，新たなプロジェクトに出合ったとき，自身の「財産」の中から，そのプロジェクトで使える実践的な手法を選び，組み立てる．いわば，ハイブリッドな手

表4.3　開発プロセスの比較

	計画駆動型	スパイラル	反復型	アジャイル
品質（Q）	◎	○	○	○
コスト（C）	△	○	◎	◎
納期（D）	○	○	◎	△
開発規模	大	中	中〜大	小〜中
技術	従来技術	新技術	新技術	新技術
開発スキル	低	中	中	高
顧客満足度	小	大	中	大
仕様乖離	大	小	中	小

順であり，バランス感覚も要求される．それが，ベストプラクティスであり，自身のコア・コンピタンスとなるのであろう．

最後に，各開発プロセスの特徴をまとめておこう．これは，あくまでも筆者の感覚による評価であるが，参考になれば幸いである（表 4.3）．

4.6 リスク駆動型開発プロセス

前節では，アジャイルプロセス，計画駆動型を中心に各種の開発手順を紹介した．その中で，アジャイルプロセス，計画駆動型のそれぞれの特徴や使い分けについて言及した．さらに，プロジェクトマネジメントの観点から，リスク管理の考え方に触れた．これらを前提に，「リスク駆動型」を考えてみよう．

リスク駆動型の本題に入る前に，リスクについて考えてみる．リスクには，いろいろな定義があるが，工学分野では，JISが規定する「ある事象生起の確からしさと，それによる負の結果の組合せ」が適切であろう．それでは，ソフトウェア開発においては，どのようなリスクが考えられるのであろうか．

■アジャイルプロセスでのリスク

アジャイル開発では，開発メンバーのスキルが重要であることは先に述べたとおりである．

（1）人的なリスク

人的なリスクとしては，以下が考えられる．

- スキル不足
 トレーニングを行うか厳格に人選すべきである．
- 人数不足
 社内調達か，追加的外部委託で賄う．
- 離脱
 特に，キーマンの離脱によりプロジェクトは「弾丸列車」と化す．後任が着任し，急ブレーキを踏むまでの間に費やした労力は取り戻せない．

■計画駆動型でのリスク

計画駆動型では，計画からの乖離が最大のリスクである．具体的には，以下のリスクが考えられる．

（1）技術的課題

不確実性が高い機能を盛り込んだプロジェクトでは，FS（Feasibility Study）の結果，実現不可能と判断せざるをえなくなる場合もある．付加的な機能であれば，機能削減も受け入れられるかもしれないが，主要な機能であり，代替策がない場合，深刻な問題となる．

（2）規模拡大／納期短縮

顧客からの要求が一転して非合理な要求に変わることがある．顧客側の，人事的，政治的な背景によることが多く，事前に確認すべきである．

■**共通的なリスク**

（1）ニーズの変化

顧客側に起因するものではあるが，上記の規模拡大／納期短縮よりインパクトが大きいものがある．顧客側の方針が変わり，プロジェクトの存続が問われるようなリスクである．具体的には，顧客側の人事異動に伴うプロジェクトの中止あるいは延期などである．

（2）政治的要因

戦争，テロ，為替変動など，第三者に起因するものである．

（3）社会的要因

法律の改正などにより，システムのニーズが激変する場合がある．

これらのリスクは，事前に細心の注意を払うことにより，ある程度は予測が可能なものであり，対処策を考えておくべきである．一般に，リスク管理では，以下のようなリスク管理表を作って管理する（表4.4）．

ここで，緊急度は，以下の式で求める．

$$緊急度 = 影響度 \times 発生確率$$

そして，それぞれのリスクに対して，あらかじめ対処策を考えておくことが重要である．これは，実際にリスクが発生してから対処策を考える場合，間違いなく準

表4.4 リスク管理表

リスク内容	緊急度	影響度	発生確率	原因	予防策	対処策

備不足になるからである．つまり，リスクに陥ってから対処方法を考えるとすると，その対処を行うために，どのようなスキルの人が何人必要かを，すぐにはじき出すことは難しい．はたまた，専用のツールなどが必要かもしれない．これらの手当てをリスクが発生してから行うのでは，すべて後手になってしまうのである．リスク管理とは，このように，後手にならないような仕掛けとも考えられる．

　思い出していただきたい．4.5 節で，リスク管理は，「余裕度の管理」であると説明した．このようなリスク管理表を作ることにより，リスク対処用の要員を確保することはできないにしろ，スキルや人数などを想定することができ，何を準備すべきかをあらかじめ把握することができる．このため，リスクの予兆を察知した段階で，具体的な対処方法を検討したり，要員手配の社内ネゴシエーションを開始したりするなど，先手の管理が可能なのである．

　特に，これらの要員は，いわゆる「火消し屋」であり，スペシャリストであることが望まれるが，このような急を要する状況下で，所望する優秀な人材が見つかる可能性は極めて薄く，簡単にはアサインできないであろう．当然，相当の時間がかかるので，事象が起こってからでは到底間に合わない．であるから，プロジェクト内にリスク対象要員になりうる人材をあらかじめ確保しておき，通常は，計画駆動型の管理の下，所定のミッションを遂行しているが，一度，リスクが発生した場合，プロジェクト内の役割分担を変えることにより，リスクの対処ができるのである．このようなメンバーを確保しておくのも，「余裕」を生み出す秘訣であり，アジャイルの考え方に通じるものである．では，予測が不可能なリスクについてはどうであろうか．予測が不可能なリスクとしては，以下のものが考えられる．

■予測不可能なリスク
　（1）天災
　（2）メンバーの事故，病気
　（3）開発環境がクラッシュ（ソースコード喪失）

　実のところ，これらのリスクは，どうともしがたいものである．このような事態が発生した場合，マネジメントを含め政治的な対処が必要であろう．

　また，昨今イノベーションという言葉をよく耳にするが，イノベーティブな案件では，スパイラルモデル（4.2 節）や反復型開発プロセス（4.3 節），アジャイルプロセス（4.4 節）が採択される場合が多い．これは，イノベーティブな作業では，不確実性が付き物であり，不確実性への対処が求められるからである．不確実性への対処としては，リスク管理が挙げられる．リスク管理でのポイントは，「あらか

じめ」リスクを洞察するところにある.この「あらかじめ」でなければ,単に事後対処であり管理ではない.リスク管理では,いかにリスクを抽出し評価ができているかが重要であり,プロジェクトマネージャの真価が問われる場面でもある.リスクがきちんと評価管理されていれば,何ごとにも先手を打つことができ,リスクではなくなるのである.

　本章では,いろいろな開発プロセスを紹介した.それぞれの特徴を把握し,開発現場では,これらを臨機応変,使い分けていただきたい.また,リスク管理の手法についても解説した.リスク管理は,ソフトウェア開発のみならず,すべてのプロジェクトで考慮すべき重要なテーマである.ぜひ,マスターしていただきたい.

練習問題　4

【練習問題 4.1】
ウォーターフォール型開発プロセスの特徴を選べ．
- ○　逆戻りはできない
- ○　スーパープログラマーの参画が必須要件である
- ○　コスト最小化に寄与する

【練習問題 4.2】
どのような場合，スパイラルモデルが有効か．
- ○　不確実性が高い開発案件
- ○　使い慣れた技術を使った開発案件
- ○　短納期案件

【練習問題 4.3】
アジャイルモデルの価値として優先する項目として適切でないものを選べ．
- ○　個人や相互作用
- ○　動くソフトウェア
- ○　顧客とのコラボレーション
- ○　ステークホルダの満足
- ○　変化への対応

【練習問題 4.4】
「リスク管理」で考慮すべき項目を選べ（3つ）．
- □　緊急度
- □　影響度
- □　対処策
- □　対応者

Coffee Break

お客様を巻き込め

　プロジェクトマネージャを任された．技術的に見えない所だらけのリスキーなプロジェクトであった．まず，3次元 CG モデルだ．そもそもこのシステムは，とある工作機械をコンピュータでシミュレーションするもので，ハンドヘルド端末を操作するとロボットアームが動く．このロボットアームの動きを3次元 CG で実現しようというものであった．

　CG 自体は制作会社にお願いし，自社でそれを「動かす」プログラムを作る．お客様の工作機械の内部制御は，完全にブラックボックスだったが，せめてもの救いは，お客様の担当者が，30 年前にご自身で作られたことだった．そのエンジニアの記憶を掘り起こしての作業であった．CG については，まさに本文で説明したプロトタイピングを実施した．部分部分で合格をいただきながら，積み上げ方式で開発した．一方，プログラム制御の部分は，通信インタフェース部分にプロトコルアナライザを入れ，ハンドシェークを解析しながら，リバースエンジニアリングの作業．プロトコル仕様書にまとめ上げたとき，先方のエンジニアは感慨のあまり，涙ぐんでいた．そして，当時 7 bit 通信している部分を今後のオープン化をにらんで，8 bit 通信にしましょうと提案し，先方に変換回路を作ってもらった．1 週間で，変換回路の試作機が届き，見事に通信ができた．この時ばかりは，メンバー全員で思わず万歳をした．

　それから数か月，予定より納期は遅れていたが，快く追加費用を払っていただいた．プロジェクトの打ち上げの席上，先方のエンジニア（当時工場長）から転職のオファーがあった．それを受けていたら，ここにはいなかったであろう．

第5章

モデリング

本来，このあたりで，構造化プログラミングやオブジェクト指向プログラミングの話題について言及するべきではあるが，本書ではより実践的な内容を掲載したいので，敢えてこれらを割愛する．昨今，オブジェクト指向を意識した開発環境やツール群が整備されており，極端な話ではあるが，オブジェクト指向の理論的な背景が無くても，オブジェクト指向に基づいた設計や考え方に基づくプログラム開発が可能な場合もある．しかし，やはり，理論的なベースは押さえておきたいものだ．ご興味があれば，それぞれの専門書で勉強されることをお勧めする．とはいえ，プログラム開発の現場では，いろいろな場面でオブジェクト指向を取り入れた作業や考え方が出てくるので，これらを避けて通るわけにはいかないであろう．そこで，本書では，UML について触れることにより，オブジェクト指向の考え方を概観しておこう．

トップエスイーの実践講座では，各種のツールを駆使し，高度なモデリングができるような能力を身につけることが目的である．UML はそのための基礎的な言語であり是非マスターしてもらいたい．

5.1 UML の生い立ち

モデリングの歴史のはじまりは，1980 年代，CASE ツールが登場するあたりに遡る．CASE ツールは，ソフトウェアの開発手順をコンピュータにより支援しようというものであったが，これを実現するにあたり，異なるマシン，異なる開発者，異なるシステムの間で共有の「言語」を定義する必要が生じた．これが，UML (Unified Modeling Language：統一モデリング言語) の初期版(UML 1.x)である．その後，雨後のたけのこのようにいろいろな表記法が提案されたが，どれも，正式な定義には至らなかった．そこで，UML 1.5 では，これらの標準化を試みたが，これまでの表記法をある意味，無理やり包含しようとしたため，あまりにも複雑になってしまい，根本的に見直す必要が生じてきた．そこで，これまでの反省も含め，UML 2.0 が設計された．以降，本書では，UML2.0 に準拠して説明する．

5.2 UML 図

UML には以下に掲げるいくつかの「図」が定義されている．これらは，設計作

表 5.1 UML 図と開発フェーズ

	ユースケース	要件定義	機能設計	詳細設計	制作	単体テスト	組合せテスト	総合テスト	運用保守
ユースケース図	◎	◎						○	○
アクティビティ図	◎	◎	◎	◎			○	○	○
クラス図		◎	◎	◎	○	○	○	○	
オブジェクト図		◎	◎	◎	○	○	○	○	
シーケンス図		◎	◎	◎	○	○	○	○	
コミュニケーション図			◎			○	○		
タイミング図				◎	○	○			
相互作用概要図				◎	○	○			
コンポジット図				◎	○	○			
コンポーネント図		◎			○		○		
パッケージ図	◎				○				○
状態マシン図				◎	○	○			
配置図			◎				○		

◎：執筆, ○：参照

業を進める上で必要に応じて使うことになる．各図がどのフェーズで使われるかを整理してみよう（**表 5.1**）．ここで注目したいのは，ソフトウェア開発における，「V字モデル」（第 4 章参照）との対応であり，各図の執筆と参照が，V 字モデルと同様に対称となることが分かるであろう．

5.3 UML を使う場面

前掲の各図をどのように使うかについて考えてみよう．後で説明するが，プログラムの開発をする場合，開発プロセスというものに沿って行われる．代表的な開発プロセスとしては，以下のものがあるが，それぞれのプロセスで UML の使い方に

差異がある．さらに，昨今は，開発コスト削減の旗印のもと，開発のすべてまたは一部をインドや東南アジアなどの諸外国に発注する，いわゆる「オフショア開発」が注目されている．オフショアでの開発では，言語や文化の違いが問題となる場合が多く，UMLのような世界共有の方式があると，間違いを少なくすることができるのではないかと期待されている．ただし，後述するように，UMLにもいろいろな記述方法があり，万能薬ではない．ソフトウェアの開発では，人の違い，文化の違いが開発効率を大きく左右するものであり，この部分を正確に見定めることが重要である．

■**ウォーターフォール型開発プロセス**

ウォーターフォール型開発プロセスでは，早い段階で要件を確定し，設計，プログラミングと作業を進める．この過程でUMLの各図を使うと，最終的に「プログラミングレベル」のかなり細かな部分まで記載された図が生成される．この開発プロセスでは，後戻り作業が発生するとその影響が大きいことが知られている．そのため，後戻り作業が発生しても局所的な対処で済むような設計にすることが得策である．

■**反復型開発プロセス**

反復型開発プロセスでは，文字どおり反復を繰り返す．このため，各繰り返しのプロセスで使う図も繰り返し使えるレベルであり，「設計書レベル」の図表が多く生成される．

■**アジャイルプロセス**

アジャイルプロセスでは，反復（イテレーション）が極めて短い間隔で行われ，決断はより遅いタイミングになる．このためモデル化のレベルも大まかになり，「スケッチレベル」として図表を使うことになる．

このように，開発プロセスの違いにより，UMLの使い方に差異がある．一方，各図の位置づけや使い方について考えてみよう．各図の記載内容や表現方法は後述するが，その前に，Kruchtenらにより提唱された，「4＋1ビューモデル」を紹介しておこう（図5.1）．これは，各図の位置づけや役割を説明するものであり，各図の詳細を学ぶ前に，大まかな理解の助けになるであろう．

■**論理ビュー**［クラス図，オブジェクト図，状態マシン図，相互作用概要図］

システムの構成要素を表現する図．

■**プロセスビュー**［アクティビティ図］

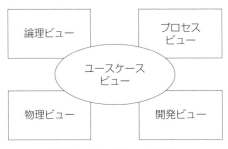

図 5.1　4＋1 ビューモデル

システム内で何が行われているかを表現する図.
■**開発ビュー**［パッケージ図，コンポーネント図］
構成要素がどのようにまとめられているかを表現する図.
■**物理ビュー**［配置図］
実体（エンティティ）としてどのように実現するかを表現する図.
■**ユースケースビュー**［ユースケース図］
システムの機能を外部からの観点で表現する図.

5.4　各図の説明

それでは，各図について簡単に説明する．特に，ユースケース図，アクティビティ図，クラス図については，使用頻度が高いので是非マスターしたい．

■**ユースケース図**

　　ユースケース図は，外部との関係を表現する．このため「アクター」，「ユースケース」，「関連」，「システム境界」を使って表現する．「アクター」は外部からアクションを起こす人や物であり，「ユースケース」は，システム内部での振舞いを表す．そして「ユースケース」相互の関係を <<include>> と <<expand>> で表現する．

- <<include>> は，「包含」を意味し，破線―――▲で記載する．
- <<expand>> は，「拡張」を意味し，破線―――▲で記載する．
　　また，実線→は，反化（逆方向では特化）を表す．

今,利用者が銀行窓口で預金の払戻しをするシステムを例にして考えてみよう（図

5.2).利用者は,銀行の「預金払戻しシステム」を利用する.この預金払戻しシステムの枠が「システム境界」であり,外部(利用者)と内部(システム)との境界である.

システム内には,「払戻し」というユースケースがあり,これは,「本人確認」,「残高確認」,「出金処理」というそれぞれのユースケースを包含する.また,「本人確認」は特殊なケースとして,「与信確認」を行う場合もある.さらに,「払戻し」は「Card」を使用する場合と「通帳」を使用する場合が含まれる.この場合のユースケース図は,図 5.2 のような表現となる.実際には,「通帳記帳」や「出金札種の制御」など,付帯的な処理があるであろうが,ここでは便宜的に割愛する.

このような表現をすることにより,外部とのインタフェースや内部の各処理の関係を一義的に表現できることが分かるだろう.

■アクティビティ図

アクティビティ図は,システム内部で行われていることを表現する.ユースケース図で表現した各ユースケースをどのようなステップ(プロセス)で実現するかを記載する(図 5.3,5.4).アクティビティは,「開始ノード」より開始し,いくつかの操作を表す「アクション」とデータを表す「オブジェクト」を経て,「アクティビティ終了ノード」で終わる.これらは「エッジ」(またはパス)と呼ばれる実線→で繋がれる.処理の過程で,「デシジョン」により分岐し,「マージ」により合流する.これは,IF 文などの条件判定を表現するもので,判定条件を「ガード条件」と呼び,[条件]のように記載する.

また,「タイマーイベント」,「フロー終了」など,実行制御を表現するものがあるほか,同時に複数のタスクを実行する場合は,「フォーク」と「ジョイン」を使う.さらに,他のアクションとの間における通信(情報のやり取り)は,内部の場合は

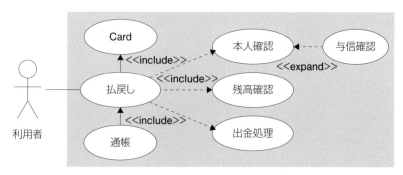

図 5.2　預貯金払戻しシステムの例

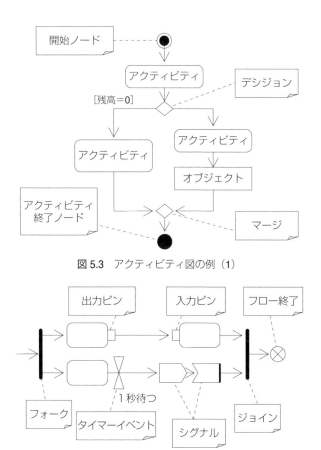

図 5.3 アクティビティ図の例（1）

図 5.4 アクティビティ図の例（2）

「アクティビティの入力 / 出力」を使い，外部のシステムやプロセスとの間の場合は「シグナル送信 / 受信」を使う．

■**クラス図**

「クラス」とは，抽象化された「オブジェクト」の定義である．オブジェクトは，「属性」と「操作（メソッド）」を含み，他のクラスから「隠蔽」される．いろいろなキーワードが出てきたが，このあたりはオブジェクト指向の基本であるので，ぜひ，各キーワードとそれぞれの概念を理解してほしい．クラスはオブジェクトの「型」を定義したものであり，いわゆる「型紙」である．実際にデータが入り，実体化したものを「インスタンス」と呼ぶ．たとえば，今，「犬」というクラスがあったとすると，「犬」の属性として次のものが考えられる．

- 名前
- 性別（♂，♀），
- 色（白，黒，茶，混），
- 種類（洋犬，和犬），
- 犬種（シェパード，ブルドック，レトリバー，チワワ…）
- 大きさ（大型，中型，小型）
- 予防接種（未，済）

　クラスを定義しただけでは，白い犬なのか，♂なのか，洋犬なのか分からない．そこで，このクラス使って「インスタンス」を作り，「白い」とか，「♂」だとかいう属性を付与する．このように，オブジェクト指向では，クラスで定義した「オブジェクト」を「インスタンス」として実体化して初めて使える状態になる．

　概念的な話を切り上げ，実際のクラスの話に移ろう．クラスは，「属性」を持つが，「属性」とはどんなものであろうか．上記の「犬クラス」を例に考えてみよう．一般的にクラスには，以下のような属性が含まれるであろう．

- 名前/型
- 多重度
- 形状（色，大きさ，重さ）
- 可視性［public/protected/package/private］
- 状態
- プロパティ

　一方，「操作」には，以下のものが含まれるであろう．

・振舞い（名称）
・パラメータ
・戻り値の型

　なお，「操作」はクラス図上では，「シグニチャ」として表現される．

　シグニチャの例　：　+ adduser (p1,p2) :void

　クラスが複数ある場合，それらが，関係を有する場合がある．クラスの関係には，**表5.2** に示すタイプがある．

表5.2 クラスの関係

依存	Aは，Bと協調する可能性	A------▶B
関連	Aは，Bと長期にわたって強調	A————B
集約	Aは，Bを持つ（has a）	A◇————B
コンポジション	Aは，Bに包含される	A◆————B
汎化（継承）	Aは，Bの一種である（is a type of）	A◁————B

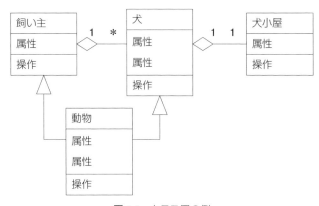

図 5.5 クラス図の例

例として，次のクラスと関係をクラス図で表現してみよう（図 5.5）．

- 飼い主が1匹以上の犬を飼っている（所有）
- 飼い主も犬も動物の一種である（汎化）
- 犬はそれぞれ，専用の犬小屋を持っている（所有）

その他，クラスには，以下のような概念があるが，ここでは詳細は割愛する．

- 制約
- 抽象クラス
- インタフェース
- テンプレート
- リンク

■オブジェクト図

前述のように，オブジェクト指向では，クラスで定義した型に「インスタン

ス」として実体化して初めて使える状態になる．この状態を「オブジェクト」と呼ぶ．要するに，クラスに中身を入れた状態のものである．オブジェクト名に下線を付加することにより表現する．なお，オブジェクト名が指定されていない場合は，「無名オブジェクト」と呼ぶ．

■**シーケンス図**

シーケンス図（**図 5.6**）は「参加要素」に関わるイベントの順序を「時間」を軸にして表記したものである（時間は上から下に流れる）．

- イベント
- 活性区間
- メッセージ（同期 / 非同期），戻りメッセージ
- フラグメント：構造化（**表 5.3**）

■**コミュニケーション図**

コミュニケーション図は，「参加要素」間の相互作用のリンクに注目し，メッセージの受け渡しを表記したものである（**図 5.7**）．

- 参加要素
- 通信リンク
- メッセージ

コミュニケーション図は，シーケンス図の表現形式を変えたものである．シーケンス図では，時間の前後関係やタイミングが表現できるが，コミュニケーション図では表現できない．一方，コミュニケーション図では，通信リンクを使って接続形

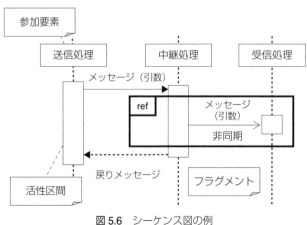

図 5.6 シーケンス図の例

表5.3　フラグメントの種類

ref	詳細を別のシーケンス図に記載し参照する
assert	実施されなければならないトランザクション
loop	フラグメント記載部分が反復する
break	loop フラグメントの終了
alt	条件付き実行
opt	条件が真の場合実行
neg	実行されない処理（デバッグ処理など）
par	並列実行する処理
critical	割込み禁止処理

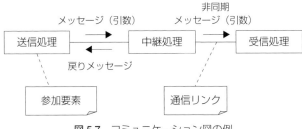

図5.7　コミュニケーション図の例

態やネットワーク構成が表現できるが，シーケンス図ではできない．これらの特性を理解し，使い分ける．

　なお，ここまでに説明したアクティビティ図，シーケンス図，コミュニケーション図は，ソフトウェア処理の内容や相互の因果関係，処理順序を示すものであり，このレベルの設計（モデリング）の良し悪しがソフトウェアの品質に影響する．納得がいくまで十分に吟味し，品質を作り込む過程である．

■タイミング図

　タイミング図はオブジェクト間の相互作用のタイミングと状態遷移を表記したものである．発生するイベントに対して，それぞれの状態の変化の様子を時間軸上に表現したものである（図5.8）．

- 状態
- 時間

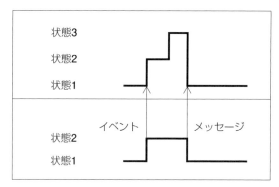

図 5.8　タイミング図例

- 状態タイムライン
- イベント，メッセージ
- タイミング制約

先にシーケンス図とあわせて想定どおりの動作が実現できるかを検証する必要がある．また，後述の状態マシン図とあわせてデットロック状態にならないような検証も必要だろう．

■相互作用概要図

相互作用概要図（iod）は，システムの鳥瞰図であり，全体像を表現したものである．特定の関心事に注目して，シーケンス図（sd），コミュニケーション図（cd）やタイミング図（td）を相互作用ごとに表記し，それらの相互作用をアクションとするアクティビティ図が，相互作用概要図である（図 5.9）．

■コンポジット図

クラスの内部構造を表記したものである．クラス図やシーケンス図で表現が難しい場合に使われる．

- 内部構造
- パート
- コネクタ
- ポート（提供インタフェース，要求インタフェース）
- コラボレーション
- デザインパターン

■コンポーネント図

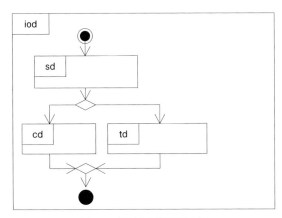

図 5.9　相互作用概要図の例

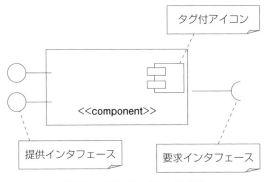

図 5.10　コンポーネント図の例

　カプセル化された，ソフトウェアパーツの管理を目的とした図である．ソフトウェアパーツは再利用可能で交換が可能である．コンポーネントは「タグ付アイコン」で表現する．コンポーネントに対してサービス要求を行うインタフェースが「要求インタフェース」であり，コンポーネントに対しサービスを提供するインタフェースが「提供インタフェース」である．それぞれの表記記号は，ちょうど，提供インタフェースがボールを投げ，要求インタフェースは要求を受け取るイメージである（図 5.10）．

- コンポーネント：タグ付アイコンで表現
- 委譲コネクタ

■パッケージ図

　クラス図のうち，可視性属性が"package"であるクラスを抽出して表記し

たものであり，パッケージの依存関係を表現し，管理する目的で用いられる．特に，自作のモジュールは，パッケージ化することにより，可搬性と再利用性が顕著になり，本来のオブジェクト指向の目的を達成する（図 5.11）．

- ●パッケージの依存関係
- ●パッケージのインポート

■**状態マシン図**

「トリガー」による状態の遷移を表記したものである．

状態と遷移の振舞いを表現する，「振舞い状態マシン」と，通信プロトコルをモデリングするための「プロトコル状態マシン」がある（図 5.12）．

- ●状態
- ●遷移（ソース状態 / ターゲット状態）

■**配置図**

ハードウェアの構成を表現したものである（図 5.13）．

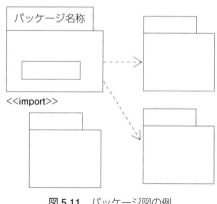

図 5.11　パッケージ図の例

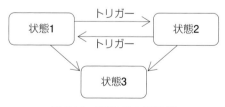

図 5.12　状態マシン図の例

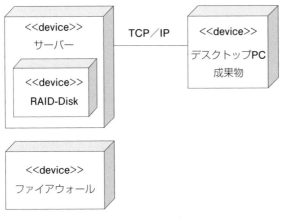

図 5.13 配置図の例

- 成果物
- ハードウェアノードと実行環境ノード
- コミュニケーションパス

5.5 その他の話題

- ノート：コメントの表記
- ステレオタイプ

　繰り返しになるが（本書では，これ以上詳細には触れないが），UMLで何が表現できるか，あるいは，UMLが何を実現しようとしているかを理解していただきたい．オブジェクト指向は方法論であり，その目的や考え方，アプローチの仕方を理解することが重要である．そして，UMLは手段に過ぎないことを理解しなければならない．少なくとも，「UMLを使っているからオブジェクト指向による開発ができている」という錯覚にだけは陥らないでほしい．UMLを書く意味と目的を正確に理解することで，UMLを採用したメリットを享受することができる．決して，UMLを書くことを目的としてはならない．

練習問題　5

【練習問題 5.1】
オブジェクトを定義する場合，どの図を用いるのが適切か．
- ○　クラス図
- ○　ユースケース図
- ○　オブジェクト図

【練習問題 5.2】
オブジェクトの時間的な状態遷移を表現するには，どの図が適しているか．
- ○　オブジェクト図
- ○　タイミング図
- ○　シーケンス図

【練習問題 5.3】
機器の配置を表現するには，どの図が適しているか．
- ○　配置図
- ○　コンポーネント図
- ○　コンポジット図

【練習問題 5.4】
デッドロックの回避を検討する場合，有効な図を選べ（2つ）．
- □　シーケンス図
- □　タイミング図
- □　状態マシン図

Coffee Break

オブジェクト指向に向く人，向かない人

　オブジェクト指向についてのエピソードを紹介する．

　ソフトウェア開発会社に勤務していた頃，職場にスーパープログラマーがいた．確かに優れたコードを書く天才肌のエンジニアであった．時期的にちょうど，C言語から C++ に移行する過渡期であったが，彼は既に自分のクラスを持っていた．つまり，それまでの自分のコードをクラスとして整理し，財産としていたのだ．当然，そのクラスはバリバリ再利用されており，バグも枯れているし，日々ブラッシュアップがなされている．どんなプロジェクトに参画してもこのクラスを持って来るので，新たにコーディングする箇所はほんの僅かで済む．結局，バグも少なく，いち早く仕上がる．まさに，オブジェクト指向開発の恩恵を十分に享受していたのだった．

　ただ，一つ難点があった．それは，彼以外のプログラマーには，そのクラス群が理解できず，使い切れなかった．つまり，情けない話だが，他の凡人プログラマーにとっては，彼のクラスは「猫に小判」だったわけだ．やがて，そのスーパープログラマーもマネージャの道に進むようになり，第一線のプログラマーを引退することになった．いつの日か，彼のクラスは誰も使わなくなり，お蔵入りしてしまった．非常にもったいない話である．

第 6 章

要件定義

冒頭で説明したように，ソフトウェア開発では，要件定義の良し悪しがプロジェクトの成否にかかわる重要な要素になる．では，よい「要件定義書」とはどんなものであろうか．要件定義の意味，位置づけなど，要件定義を考えるにあたり考慮すべきこと，さらに，この要件定義を基に，どのように設計を進めるかについて説明する．

6.1 要件定義

システム設計とは，第2章で説明したように，ソフトウェアライフサイクルの開発からテスト＆デバッグに至る作業を示す．まず，システムに求められる要件を要件定義書にまとめる作業を行うのであるが，要件定義は，業務要件を検討することから始める．システムの開発，あるいは改修を行う背景には，ビジネス要件の変更がある．たとえば，金融取引に関する法令が変わり，これに伴うシステムの改修が必要となる例や，消費税の税率が変わったり，個人情報保護法のような法律が施行されたりする例を考えると分かりやすいであろう．このような場合，業務の要件が変わり，業務内容や範囲が変わる場合がある．また，取り扱う伝票や帳票が変わる場合や，取引先のシステムまでもが変わってしまう場合もあるであろう．これらは，重要なビジネス要件であり，これらの要件がシステムに盛り込まれなければ，システムとしての用を成さず，機能しないことになる．システムの要件定義では，最低限盛り込むべき機能を列挙し，システムのアウトラインを規定する．

ビジネス要件を整理する段階では，「ユースケース」を考える必要がある．ユースケースとは，実現すべき機能を，「誰が」，「いつ」，「何をする」というような，いわゆる5W1Hのことで，これらをこの段階で検討する．ここで，それぞれの項目をより現実的に具体的に記載することが望ましい．たとえば，「ユーザが，管理画面を見て…」と記載するのではなく，「人事課の課長が，自席のPCを使って，管理者画面から…」のほうがより具体的であり，人事課の課長の職務権限と閲覧権限，または端末設置場所のセキュリティ要件などが表現され，その後，要件検討する際の手がかりになる情報を含んでいることがお分かりいただけるであろう．

このような，「ユースケース」を考える際，UML(Unified Modeling Language)(第5章参照)を用い，ユースケースを図表で表現する場合がある．また，オブジェクト指向を取り入れているため，オブジェクト単位に考えることができ，再利用や，

部分的な改修にも有利である．ただし，「ユースケース」が役に立たない場合もある．たとえば，「大統領がボタンを押すとミサイルが発射される」．これだけでは，具体性に欠けるどころか，大雑把すぎて作業に展開できない．このような場合は，よりブレークダウンを行う必要がある．

そこで，考えたいのは，ブレークダウンの仕方である．プロジェクトマネジメントでは，WBS(Work Breakdown Structure)[1] を作る際にも考慮したい．一般的には，WBS はその性格上，「機能別」に検討することがリーズナブルである．WBS は，漏れなくダブりのない状態（いわゆる MECE：Mutually Exclusive Collectively Exhaustive)[2] になっていることが要件とされ，ここで考慮が漏れてしまうと，後で大きな手戻り作業が発生する．その意味でしっかりと検討したい．ところが，この方式で漏れなくダブりなくブレークダウンができていることをどうやって保証するのであろうか．

そこで，お勧めしたいのが，いったん機能別でブレークダウンしたものを，他の切り口，たとえばデータフローを基軸として別の観点でブレークダウンしてみることである．すると，それまで気がつかなかった，漏れ，ダブりに気がつくことであろう．時間軸を意識できなくても，トランザクション単位のように，視点を変えていろいろな角度でブレークダウンすることをお勧めする．

この方法は，余分な時間を費やすことになると思われるかもしれないが，WBS レベルの漏れを後工程で修復するのに要する時間とコストを考えれば，このタイミングでじっくりと検討することが得策であることは，多くの人の理解するところであろう．この，「発想を変えた視点」という手法は，アルゴリズムの検討，コードの最適化，デバッグ，特許のネタ出しなど，システム開発のいろいろなところで活用できる手法なので，ぜひマスターしていただきたい．既定の概念を切り替え，新しい発想でいろいろな角度で眺めてみる．言い換えれば，一人でブレインストーミングを行うようなものでもある．

■機能を意識した切り口
　●機能別
　●トランザクション単位
　●操作者単位

■時間軸を意識した切り口
　●展開時期順（導入時，試運転時，本番稼働時）

[1] プロジェクトを理解し管理する上で，プロジェクトの各工程を各担当者の作業レベルまで展開し木構造にまとめたもの．どのレベルまで展開するかはプロジェクトの全メンバーが作業内容を「具体的に○○をする」と理解できるレベルまでに分解するのが理想であるが，最低でも作業担当者とプロジェクト管理者の理解が得られるレベルまでは必要である．

[2]「相互に排他的な項目」による「完全な全体集合」を意味する言葉．要するに「重複なく・漏れなく」という意味である．経営学，経営コンサルティングなどの領域でよく使われる言葉で，ロジカルシンキングの一手法として日本では喧伝された．運営コンサルティング社で使われているグルーピング(grouping)の原理．ミースと読む．

- データフロー順（データライフサイクル）

このように，作り上げた「要件定義書」はプロジェクト関係者のバイブルとなる文書である．すべてのプロセスやアクティビティはこの文書から派生し展開される．その意味でプロジェクトの成否を左右する重要な文書である．以降，この「要件定義書」をベースに展開される設計プロセスについて説明する．

6.2 論理設計（機能設計）

次に要件定義から論理設計を行う．論理設計は，ハードウェアスペックやプログラミング言語のような「具体的な実装イメージを考慮しない」ことがポイントとなる．そして，要件定義で掲げた要件を計算機システムで実現するための「仕組み」に置き換えていく作業とも考えられる．たとえば，

- 分析に使うデータはリレーショナルデータベースに保持する
- ネットワークを活用した分散システムにする
- 暗号化を行い，セキュアなシステムを実現する
- 本社システムではここまで，各支社では残りの処理を行う
- 顧客対応の処理はリアルタイムで行う
- 月次処理は月末の夜間バッチで行う

というようなシステムの大枠を考える作業で，ちょうど，建物の「骨組み」を設計する作業であり，アーキテクチャ設計とも呼ばれる．この作業は，システムの根幹に関わる部分であり，高度な設計レベルを要する．よって，相当量の IT 知識とシステムの構造や運用に関する経験を併せ持つエンジニアが必要とされる部分である．最近はこのような設計者をシステムアーキテクト，あるいは，システムアナリストと呼ぶ場合がある．

システムの開発は，ゼロから作りあげる場合はほとんどなく，既存のシステムに機能を追加したり，既存のネットワークシステムに新規にサーバを追加する形で開発が行われる．つまり，既存のシステムを熟知していることが必要である．また，システムのライフサイクルを意識して，TCO[3]（Total Cost of Ownership）削減を意図した設計を作り込むのもこの段階である．論理設計では，モデル化の手法を用いることが多く，オブジェクト指向の発展とともに第 5 章で説明した UML を用いて

---

[3] コンピューターシステム構築の際にかかるハード・ソフトの導入費用から，運用後の維持費・管理費・人件費などすべてを含む，システムの総所有コスト．

ユースケースなどを図表化し表現する．その過程で，「誰が」，「何を」ということが整理され，集約されていく．これらを使って，前述のクラス図，オブジェクト図，アクティビティ図などへと展開する過程で，漏れやダブリに気がつくこともある．また，この過程でクラスという概念を取り込むことにより，オブジェクト指向的な整理ができ，オブジェクト指向開発のベースができるのである．

6.3　物理設計（詳細設計）

　物理設計は，論理設計では考慮しなかった「実装」を意識した設計を行うことが特徴である．論理設計で規定した内容を実際の計算機システムに落とし込み，実施方式を検討する段階である．ここでも，既存のシステムを強く意識する必要があり，場合によっては，既存のシステム側に改修をしなければならないケースも出てくるであろう．物理設計は，論理設計と表裏一体である．つまり，論理設計で意図したことをいかに実現するか，ということであり，論理設計と物理設計をともに意識しながら設計することが望ましい．

　そのためにも，この段階の検討に携わるエンジニアは，広い見識のもと，採用しうる最適な技術を熟知し，最適なソリューションを見出すことが求められる．野球に例えれば，論理設計者が投手であり，物理設計者は捕手という関係でもある．つまり，物理設計側と論理設計側の合意のもと，「投げられた球は必ず受け止める」という連携も必要である．

　また，物理設計で求められるもう一つの要件は，サイジング[4]（sizing）である．この要件には，設備投資をどの程度にするかという予測と裏づけや，性能に対する責任が伴う．システムの将来性を加味し，ビジネスの拡大を意識した，キャパシティを検討しなければならない．とはいえ，最近のインターネットビジネスのように予測が非常に難しい状況もあるので，「最速，最強の設備を準備する」という安易な考え方もあるが，このような投資は，往々にして過剰投資になりかねない．事業内容にもよるが，仮に，システムのライフサイクルを3年と定めた場合，過去の状況，同業他者の状況などを勘案し，少なくとも，数か月から数年のスパンで機能拡充を繰り返しながら，システムのライフサイクルが満了するタイミングで，システム拡張の余地が少なくなり，新システムへの移行ができるようなプランニングが望ましい．

　もちろん，このシステムのライフサイクル満了までの，設備に関する減価償却費

[4] 運用するシステムやサービスの規模に合ったリソース（サーバーやネットワーク）を見積もること，あるいは用意しておくこと．このためには，サーバーにかかる負荷を見極める必要がある．

や投資回収などの財務的な要素も考慮しなければならない．このような時代背景を受けて，昨今は，スケーラブルを売り物にした製品も多く見られる．物理設計での主役は配置図である．さらに，詳細設計では，クラス図，オブジェクト図，アクティビティ図，シーケンス図を作り込み（コーディング）ができる段階までブレークダウンする．さらに，タイミング図，相互作用概念図，コンポジット図，状態マシン図などを用いて，構成要素の相互の関係と作用について詳細な設計を行う．ここで，ユースケース図を適時参照することがポイントである．つまり，物作りにこだわりすぎず，常に，「ユーザの視点」を忘れないようにしたいものである．

6.4 インタフェース設計

　今日のシステムでは，多くの場合，既存のシステムとのやり取りが発生する．詳細設計の一環として，このやり取りを一切変更せずにシステムを作り上げることが理想的ではあるが，機能を拡充するためには，システム間での既存のやり取り（インタフェース）を変更せざるをえない場合も少なくない．

　そこで，このインタフェースについての取り決めをインタフェース仕様書としてドキュメント化しておく必要がある．インタフェース仕様は，両システムの間で交わされた約束事であり，両システムの組合せテストの段階で必ず参照される仕様書であろう．仮に，システム間で不整合が生じた場合，インタフェース仕様書の記述内容を正確に実現できていることが求められ，これに反する場合，対策が求められる．その意味で，両システムの合意のもと，仕様書が作られなければならない．外部システムの担当者が他社であったり，他部署である場合も少なくないので，トラブルを避けるためにも，きっちりと設計しなければならない．同一システムの内部においても，先のクラス間のやり取りや，モジュール間のやり取りが存在するので，広義には，インタフェースと考えて整理するべきである．

　また，設計書には盛り込まれないような些細な事柄も，不安に思ったら先送りにせず，その場で確認すべきである．「おそらく，こうなっているはずだ」でシステムの設計を進めることは，後戻り作業になる可能性が高い．特にインタフェースの設計では，お互い相手が何を期待しているかを想定して綿密な擦り合わせを行い，確認事項を仕様書に盛り込むべきである．お互いに相手のことを意識した設計をすることを，「オーバーリーチ」と呼ぶが，このような設計を行うことにより，抜け漏れを少なくするのである．このような地道な作業や些細な気遣いが，最終的には

お互いの幸せに繋がるものである．なお，インタフェースの設計では，コミュニケーション図，タイミング図，コンポーネント図などを用いる．

6.5 組込み型

　RPA(Robotic Process Automation)[5]を含め，IoTの進展とともに，センサーなどの組込み型システムが増えてくる．組込み型のソフトウェアの特徴は，割込み駆動型であることである．つまり，通常，システムは外部からのアクションを待っている状態で，割込みの種類によって所定の動作やサービスを提供する．たとえば，スマホ等の操作を考えてほしい．待ち受け状態で画面をタッチすると，認証画面やアイコンが並んだTOP画面を表示し，アイコンがタップされると，所定のアプリケーションが起動される．はたまた，ボディ脇のボリュームボタンが操作された場合，現在再生中の音楽の音量を制御する．つまり，利用者からの指示を割込みとして受け付け，所定の処理を行う．このように，割込みは順不同であるため，組込みシステムでは，順不同に発生する割込みによる状態変化を把握しなければならない．これらを設計する過程では，状態マシン図，インタフェース図，シーケンス図等を用いて設計を行うことになる．

　ここで，ロボットと品質について考えよう．ロボットといっても，生産現場で活躍する産業用ロボットから，無人探査機やドローンのようなもの，さらには，接客用の人型コミュニケーションロボットまで，幅広い分野で活用が始まっている．そこで，「品質」について考えなければならないのは，対人コミュニケーションを持つコミュニケーションロボットだろう．たとえば，ショッピングモールの店頭でキャンペーンの案内をしているコミュニケーションロボットを考えてみよう．ロボットはキャンペーンや商材を説明するため，文字どおり身振り手振りを加えて，魅力的に説明するアプリケーションが稼働しているだろう．そして，説明途中に手を振ったら，たまたまそこに居合わせた子供の顔面に当たって怪我をさせてしまった場合．これは，ある意味「事故」に過ぎない．怪我の程度にもよるが，ロボットがやったことで悪気はない，で済まされないだろう．ただ，一定の謝罪で収まればよいが，最悪の場合，人身事故となり訴訟問題にもなりかねない．

　ここで，考えてほしいのは，ロボットが手を振り回したのは，バグではなく正常な動作の範囲だった点だろう．では，近くに寄ってきた子供が悪いのだろうか．子供の過失はあるにせよ，店舗企業側にも安全義務違反という過失責任が問われる可

[5] 認知技術（ルールエンジン・機械学習・人工知能等）を活用した，主にホワイトカラー業務の効率化・自動化の取組み．人間の補完として業務を遂行できることから，仮想知的労働者(Digital Labor)とも言われている．デスクトップ作業のみに絞ったものをロボティック・デスクトップ・オートメーションと呼び，RPAと区別することもある．

能性がある．事故に遭ったお子さんやご家族には申し訳ないが，ここで述べたいのは，訴訟の結果とか和解に至ったかではなく，ロボットのソフトウェアの品質をどのように考えるかである．先に，コンテンツの品質について述べたが，ここでも，品質は，お客様あるいは利用者を含め現場が決めるものだということである．恐らく，ロボットのアプリケーションは，メーカ側あるいは店舗企業側で十分にテストされ，合格の判定をされた上で，店頭で稼働するに至っていると思われる．このように合格のお墨付きをいただき，正常に動作していたとしても，事故が起きてしまうのである．

また，後述するAI技術における「再現性の危機」の話もあり，このようなことが今後，日常的になるのではなかろうか．ここで挙げたのは一つの例に過ぎない．今後，RPAをはじめ，IoTやAIの浸透と発展により，デバイスやソフトウェアが，人々の生活により浸透し，より密接に関わってくることは間違いないだろう．このような世界で，ソフトウェアの品質あるいは安全性をいかに担保するかが課題となってくるだろう．

6.6　AI応用技術

　AI（Artificial Intelligence）は，古くは推論エンジンにより近未来を推定する技術であった．ところが，昨今は，シンギュラリティ（Singularity）[6]と呼ばれるように，コンピュータの性能が格段に向上することで，従来は困難であったパターン認識等により，機械学習が可能になった．さらに，機械学習の先には，コンピュータが自律的に学ぶディープラーニング（Deep Learning）[7]ができるようになる．このように，機械学習やディープラーニングによって導き出された結果は，先の推論エンジンのように，アルゴリズムを使って答えを導き出すものではなく，コンピュータが，自律的に答えを導き出したものであり，莫大な統計データを解析した結果として統計学的に正しいという判断に過ぎない．これは，AI技術における「再現性の危機」に通じる議論であるが，このようなAI分野での品質を考える際，従前の正しいか誤っているかという議論のようにデジタルで表現できるものではなく，再現性がなく正しい確率と誤っている確率のバランスであり，語弊はあるが，「ほぼ正しい」という状態なのである．ただ，この分野では，人間の業務をAIに置き換えることを目的に研究が進められているとも考えられ，この目的の範囲であれば，当面のゴールは，「人間レベル」でも構わないかもしれない．

[6] 技術的特異点（Technological Singularity），またはシンギュラリティ（Singularity）．未来学上の概念の一つである．端的に言えば，再帰的に改良され，指数関数的に高度化する人工知能により，技術が持つ問題解決能力が指数関数的に高度化することで，(頭脳が機械的に強化されていない）人類に代わって，汎用人工知能あるいはポストヒューマンが文明の進歩の主役に躍り出る時点のことである．

[7] ディープラーニングまたは深層学習（しんそうがくしゅう，deep learning）とは，（狭義には4層以上の）多層のニューラルネットワーク（ディープニューラルネットワーク，deep neural network）による機械学習手法である．深層学習登場以前，4層以上の深層ニューラルネットは，局所最適解や勾配消失などの技術的な問題によって十分学習させられず，性能も芳しくなかった．しかし，近年，ヒントンらによる多層ニューラルネットワークの学習の研究や，学習に必要な計算機の能力向上，および，Webの発達による訓練データ調達の容易化によって，十分学習させられるようになった．その結果，音声・画像・自然言語を対象とする問題に対し，他の手法を圧倒する高い性能を示し，2010年代に普及した．

ここでも品質の話をすると，品質という概念が絶対的なものではなく，相対的なものになってくるように思える．ただ，AI技術を否定的に捉えているのではなく，「ほぼ正しい」の精度はどんどん高くなるだろう．そして，そのことは多くの人間の業務がAIに置き換わることを意味し，輝かしい未来が拓かれると信じたい．

6.7　性能予測値と実績値

業務用のシステムは，正しく動作することに加え，一定時間内に動作を完了し，結果を出力することが求められる．たとえば，電話応対のお客様を電話口でお待たせしている状態では，「しばらくお待ちください」という状態で実際に待っていただけるのは，おそらく3分程度が限界であろう．仮に，この間に膨大なデータを検索しなければならない作業があったとしても，電話口でお客様を待たせながら処理するものではないと思われるし，そもそもこのような設計は，「設計不備」であろう．これは，極端な例ではあるが，少なくとも，設計の段階で，システムの性能を検討し予測しなければならない．ここで，性能とは，別の意味で品質であり，品質管理では品質の高い順に以下のレベルが定義されている．一言で性能値といっても，システムが使われるシチュエーションや相手により正確に使い分けることが重要であり，注意が必要である．

■**品質目標（設計品質）**：ねらいの品質
　利用者にとって過剰なレベルであるが，設計目標とするレベル
■**品質基準（製造品質，適合品質）**：できばえ品質
　製造過程で実際に実現できると思われる現実的なレベル
■**検査品質（使用品質）**
　出荷判定となるレベル
■**保証品質**
　最低限，保証すべき品質で，顧客に保証するレベル
　（これを下回るとクレームや事故の対象とするレベル）

実測値の扱い方も千差万別である．ある製品は最大性能を記載している場合もあり，一方では平均的な性能値を掲げる場合もある．したがって，カタログなどに記載してある数値を見る場合，注意が必要である．これは，逆の見方をすれば，カタログなどに記載する場合，注意が必要ということであり，この注意というのは，「読

者に誤解を与えない」ということである．測定条件とか，計測の手法などを注釈として記載することが望ましい．いずれにしても，このような種類の数字は数字が「一人歩き」することが多いので，取り扱いには十分注意が必要である．

なお，QMS ISO/IEC9000 シリーズでは，品質に関する目標を定め，これらの改善を図るための指針を定めることを要求している．（第14章参照）これらの取組みは，個人や部署だけで成就することはなく，組織全体での取組みが必要であろう．

6.8 拡張性

システムにはライフサイクルが存在する．一般に，高価なシステムほど，耐用年数を多く見積もる傾向にある．ビジネス的にも，システムの稼働率を上げ，システムの設備投資を早期に回収する必要もあろう．このシステムのライフサイクルが満了するまでの間，ビジネスのボリュームの拡大などの変化に対処してビジネスニーズを吸収することを考慮しなければならない．つまりシステムのライフサイクルの期間では，システムを拡張することで，変化やニーズに対処することになる．その意味で，拡張性を残した形での計画が重要となるのである．昨今，ニーズの変化や取り巻く環境の変化の激しさから，システムのライフサイクルが短くなる傾向にある．当初の予定どおり，システムのライフサイクルの満了時期まで使うことが少なくなってきている．つまり，システムのライスサイクルの満了を待たず，リプレースを余儀なくされるシステムも少なくない．このような場合，リプレースを早めることは，投資回収の観点で，少なからずダメージになるであろう．システム導入の責任者の立場に立てば，このダメージを覚悟して，さらにリプレース後の TCO を考慮して導入に踏み切ることになるが，むしろ，このような判断は会社経営者の戦略的な経営判断に基づくのではないであろうか．

6.9 保守性

システムのライフサイクルの期間では，システムを保守，運用する必要がある．実際に保守を担当するのは，保守作業を委託した会社のオペレータかもしれない．仮に，保守性を無視した設計をした場合，保守，運用の作業量が膨大になる可能性がある．たとえば，保守，運用に関するマニュアルが一切存在しなかったら，どん

なことになるであろうか．事故が発生するたびに，オペレータや，エンジニアが飛び回って対処している姿が容易に想像できるであろう．現実問題，このような事態が発生した場合，結果的には保守コストの増大という代償が降りかかってくるのである．保守，運用の設計は，システムの運用上，重要な要素であり，システムの設計の段階で十分に検討し，吟味すべきである．特に，運用担当者は，顧客であるエンドユーザとの接点となっている場合もあり，顧客の「生の声」を受け止める部署でもある．このような意見を取り入れ，システムで対処することは，顧客満足度（costomer satisfaction measurement）の向上に繋がることである．

また，保守，運用業務の「見える化」の一環として，各種の数値情報を定義し，SLA（Service Level Agreement）[8] という形で数値化，制御する．これは，保守，運用費用の適正化でもあり，TCO の削減にも繋がるものである．

[8] サービス水準合意．サービスの提供者とその利用者の間で結ばれるサービス水準に関する合意である．サービスレベル契約と言われることもある．

6.10 セキュリティ設計

現在，セキュリティ要件は重要度が高くなっており，従来のように個別の要件でとらえて対処するより，鳥瞰図的な見方をして，システム全体をとらえて対処することが得策であろう．セキュリティを考える上で注意すべきことはバランスである．セキュリティの3要素といわれる，機密性（Confidentiality），完全性（Integrity），可用性（Availability）のバランスを見ながら，全体最適化を図ることである．具体的には，何を守るか，どのように守るか，そして，どのようなリスクがあるかを考えることであり，言い換えれば，何を諦めるかを見極め，対処の限界を知り，リスク対処策を準備することである．残念ながら，セキュリティに完璧はない．自己のベストを尽くし，さらに高いレベルを狙うべく努力をする．これは，「ベストプラクティス」の考え方である．

これは，スポーツのアスリートに似ている．たとえば，ある走り高跳びの選手の自己ベストが，180cm だったとすると，この選手は常に，180cm をクリアすべく，コンディションを維持するとともに，185cm をクリアして自己ベストを更新する努力を怠らないようにすべきである．

そして，このような過程で，目指すべき方向性を示したものが，ISO/IEC 27001 で定義している ISMS（Information Security Management System）のセキュリティポリシーである（第14章参照）．ISMS ISO/IEC 27001 では，ここで掲げているポリシーを「お手本」として自組織のセキュリティポリシーを定め，励行することを

推奨している．また，ISMS ISO/IEC 27001 の心は，情報セキュリティを継続的に維持，管理することである．このための管理策にはシステム系だけでなく人間系，物理系の側面があり，これらの「併せ技」で対処する．つまり，いくら高価なシステムを導入したからといっても，セキュリティは完璧ではなく，一人の職員の「裏切り行為」により，情報は簡単に漏洩しうるのである．このため，セキュリティを高めるのは，まずは，職員のセキュリティ教育やマニュアルの整備などの人間系の対処を行う．さらに，人員の入退室管理を強化することにより事件を水際で防いだり，「裏切り行為」を自粛させるのである．このように，いろいろな対処を組み合わせ，補完する形でセキュリティシステムを導入することが望ましい．また，セキュリティ技術は日進月歩であるので，定期的な監査を行い，ポリシーとの適合状態を確かめ，さらなる高レベルを目指す取組みを継続的に行うことが重要である．

　本章では，要件定義をまとめるにあたり，考慮すべきことについて説明した．ここで説明したように，要件定義をまとめるには，広範な知識と洞察を必要とする．それは，単にテンプレートを用いて必要事項を漏れなく記載するだけでなく，システムを実現するために必要となるポイントを把握し，それを作り込むための具体的な内容に言及し，要件定義書の読者に，システムで実現すべきことを的確に伝える必要があるからである．

練習問題 6

【練習問題 6.1】
MECE であるものを選べ.
- ○ 飲み物：温かい飲み物 / 冷たい飲み物
- ○ 人間：男 / 女
- ○ 中学生：1年生 / 2年生 / 3年生
- ○ 乗り物：飛行機 / 船 / 自動車 / 列車

【練習問題 6.2】
機能設計の段階で適切でない図を選べ.
- ○ アクティビティ図
- ○ 相互作用概要図
- ○ クラス図
- ○ シーケンス図

【練習問題 6.3】
顧客に約束する品質レベルを選べ.
- ○ 品質目標
- ○ 保証品質
- ○ 検査品質

【練習問題 6.4】
品質に関する国際基準を選べ.
- ○ EMS ISO/IEC14000
- ○ ISMS ISO/IEC27001
- ○ QMS ISO/IEC9000

Coffee Break

「やってみなければ分かりません」とは言えない

「読めない！」

とあるお客様へのシステム提案に際し，プログラムの処理性能，ネットワーク負荷，そしてトランザクションを加味しながら，搭載する CPU スペックを決める作業をしていたときのことだ．他のお客様であれば，最新のマシンとか，そこそこ性能が良いマシンを見繕って，「将来性を加味して」とか提案すれば，それなりに納得していただける．しかし，このお客様はそうはいかない．「ちゃんと数字の裏付けを持っていかないと，受注も撤回されるぞ」と，先輩からも忠告をいただいている．それから，数日の徹夜の議論の末，社内で，営業も含めて「この数字」というコンセンサスを得た．いざ当日，その部分の説明はエンジニアである私の役目だ．説明が終わって，お客様から「この数字は保証できるのですよね？」の一言．席上の目線が私に集まっている．緊張の一瞬．背中にはヒア汗が流れている．

（まさか，「やってみなければ分かりません」とは言えない．）

……数秒後．

「はい．」

「分かりました．よろしく，お願いします．」

打合せは終わった．Tシャツは汗でぐしょぐしょ．会議室を出るとき，先方のマネージャから，ねぎらいの言葉．そして，ポンッと肩を叩かれ，

「あなたも成長したね．」

「ありがとうございました．」

第7章

設 計

前章で述べた要件定義をベースに設計に着手するが，このとき，いくつかのアプローチがある．ここでは，次の2つのアプローチを紹介する．

- プロセス指向アプローチ
- データ指向アプローチ

これらは，どちらが優れているというものではなく，システムの要件や使用形態などを勘案し，アプローチの仕方（考え方）を決め，設計に着手する．もちろん，途中でアプローチを変えるのも構わない．いろいろな角度でシステムを検討することにより，品質が上がるのである．ここでは，両アプローチを使って実際の設計の手順を説明する．

7.1　設計アプローチの実習

　開発の方法論として，構造化プログラミングやオブジェクト指向のような議論が盛んに行われているが，現実的には，C++ や Java によるプログラミングや，UML を使ったオブジェクト指向アプローチ（OOA：Object Oriented Approach）によってクラスの設計をすることになろう．ソフトウェア工学の目的は，これらの手段に偏ることなく，普遍的な手法を学び活用することである．そこで本書では，敢えてオブジェクト指向アプローチには言及せず，より現実的で原始的なアプローチを紹介することにしよう．プログラムの開発では，前述の2つのアプローチがある．本書を通じ，それぞれのアプローチを体験し，両者の違いや共通点，考え方に親しんでいただければ幸いである．ここでは，インターネット上のショッピングサイトを想定し，次の要件定義を仮定して，その裏側で稼働しているシステムを設計することにしよう．

〈要件定義〉
・システムは24時間稼働（商用 DC のハウジングサービス）とする．
・リアル店舗を持たず，インターネットサイトだけで営業する．
・基本的に在庫は持たない．
・発送業者と連携し，仕入先から直接発送する．
・送料は定額とする．

- 受注後即座に仕入先に発注する．
- 売上情報は週次で集計し分析する．
- 顧客DBを持ち，購買履歴の分析を可能とする．
- 顧客用のコールセンターを持ち，キャンセルなどを受け付ける．
- 顧客は事前登録制とし，将来，優良顧客サービスを行う．
- 当面，代引きと銀行振込による決済だけとする．

7.2 プロセス指向アプローチ(POA)

　まず，プロセス指向アプローチ(POA：Process Oriented Approach)について説明する．これは，読んで字の如く，プロセスを基軸に設計を進めるアプローチである．このため，プログラム設計のスタートラインである「要件定義書」を，操作画面を意識して機能の切り口で整理してみよう．最終的には，「詳細設計書」を執筆するが，「要件定義書」から「機能仕様書」を作る段階で，「画面」に注目してみよう．「要件定義書」の段階では「ユースケース」だったものをどんな画面で実現するのか，画面遷移はどうなるのか，という業務の流れに注目して，各機能の実現方式を決めていく（図7.1）．

　これが，プロセス指向アプローチである．では，前述の例を考えてみよう．インターネット上のショッピングサイトを考えた場合，以下の機能が思い浮かべられるであろう

- 顧客がWeb画面で顧客登録する．
- 顧客情報は暗号化する．
- 顧客が商品を検索，閲覧する．
- 顧客が購入を決め，商品をカートに入れる．
- 買い物を終了し，カート内の商品の決済を行う．

図7.1　プロセス指向アプローチ

- 決済完了を伝え，顧客宛に購入確認の E-mail を送る．
- 上記の各画面でエラー処理を行う．

一方，ネット上のお客様が電話で問合せなどをする場合における，コールセンターのオペレータに注目してみよう（実際には E-mail での問合せもあるであろうが，ここでは割愛する）．

- 顧客からの電話を音声自動応答装置（IVR[1]：Interactive Voice Response）による自動応答につなぐ．
- IVR で顧客 ID による認証を行う．

もし，オペレータに繋がった時点で，オペレータが出て改めて，「お名前は？」という応答であったら興ざめするであろう．一般には，入電した電話番号や顧客 ID，IVR での入力内容などにより，システムでは既にお客様を特定できているはずである．したがって，次のような流れになる．

- 顧客 ID から顧客情報を POP-UP 表示する．
- 話者の本人認証する（住所，生年月日など）．
- 注文状況の表示や操作（キャンセルなど）ができる．
- クレームを受けた場合，クレームを登録する．

一方，企業内では，いろいろな立場でこのシステムから得られる統計情報を期待していることであろう．たとえば，管理者や経営者の立場では，

- オペレータの勤怠管理ができる．
- システムの稼働状況が監視できる．
- 受注，売上などの財務状況の報告ができる．
- 時間帯別の滞留量の分析ができる．
- サービスごとの平均待ち時間が算出できる．
- 顧客の購買情報を分析することができる．
- クレームの分析ができる．
- 商品登録画面で確認できる．
- 在庫の管理を行うことができる．
- 売れ筋商品，死に商品の分析ができる．

いかがであろうか．特に，顧客が実際に目にする画面は比較的容易に想像がつく

---

[1] 主に電話の応答と音声による情報の入出力や対話をコンピュータにて行う装置のこと．IVR システムでは，事前に録音された音声，または動的に生成された音声を使用して応答し，ユーザーに続行方法を指示することができる．

と思われるが，業務サイドの機能はなかなか思いつかないのではないだろうか．要するに，この時点で，「業務内容」を意識する必要があるわけである．このように，機能仕様書がブレークダウンされ，実現方式が決められていく．これが，詳細設計である．

次に考えなければならないのは，実際のデータ構造である．このようなケースでは，おそらく，顧客データベースを構築し，それが各機能画面から参照され，順次更新される．データベースの構造を設計する場合，機能からまずは論理構造を考え，次にこの構造を実現する物理構造を設計する．それぞれ，論理設計，物理設計であるが，これまで画面を設計した過程から，同一画面で扱うデータは同一テーブルに含めるなど，効率の良いデータ構造を考えることであろう．しかしながら，同一画面の情報を同一テーブルに格納するというルールがどこかで矛盾を来たすであろう．そこで，どの方式が最適かを考え，一部の手直しや調整を行う．そして，最終的に「丸く」収まるように詳細設計を仕上げる．また，セキュリティの観点から，どの画面で，どの情報が閲覧できるかを考える上で，画面を操作するユーザのセキュリティ権限を意識して適切なアクセス制限を作り込まなければならない．なお，プロセス指向アプローチは，バッチ処理のように業務の手順が明確であり，複雑なGUIを持たず，単体で走り切るようなプログラムに適する．

そして，忘れてならないのは運用設計である．このシステムをシステムのライフサイクル期間，運用保守するためには，どんな機能が必要であろうか．おそらく，監視ルームの監視対象サーバに登録したり，稼働統計情報を出力するといった機能が必要かもしれない．また，バックアップの仕組みも組み込む必要があろう．

7.3　データ指向アプローチ（DOA）

それでは，データ指向アプローチ（DOA:Data Oriented Approach）について考えてみよう．まず，「要件定義書」から「機能仕様書」を作る段階で，「データ」に注目してみる（図7.2）．

図7.2　データ指向アプローチ

つまり,「機能仕様書」に記載された各機能を実現するにあたり,どんなデータ(情報)が必要かを考える.たとえば,

■購買履歴の分析

顧客ごとの購買履歴を分析するためには,過去の購買の履歴情報を持たなければならない.しかし,これを仮に1つのテーブルで持つと,購買履暦が増えるほどテーブルサイズが増大するので,レスポンスが落ちる.こんな効率の悪い設計はすべきでない.

■送料定額

送料は,当面は「定額」としているが,将来的には変動する可能性はないか.たとえば,「優良顧客サービス」の一環で,お得意様は送料無料というサービスもありうるであろう.ではその機能を実現するためにはどんなデータ構造が望ましいのであろうか.

■優良顧客サービス

将来的に「優良顧客サービス」を組み込む際,どのような形で組み込むことができるであろうか.そして,優良顧客をどのように選別するのか.そのためには,どのようなデータを使えばよいのか,というようなことをあらかじめ考え,準備をしておくことが,拡張性ある設計と言えるものなのである.特に,インターネットショッピングサイトのような参入障壁が低いビジネスでは,「考えるより,まずやってみる」,そして,微調整や拡充を重ねてビジネスを拡大していく場合が多い.このため,拡張性のないシステムでは,ビジネスチャンスを逃しかねない.

データ指向アプローチでは,リレーショナルデータベース(RDB)の構造をイメージして,必要なデータを埋め込んでみる.そして,それにまつわるいろいろなシチュエーションを考える.その上で,この構造で大丈夫であろうか?という懸念を消していく.また,データの参照や更新頻度に注目して,更新頻度の少ないものをマスターデータとし,頻度の多いものをトランザクションデータとしてまとめることにより,性能面の検討もできるだろう.もっとも,データベースのデータ構造を設計する場合,E-R図などを用いて,最終的なテーブルが,少なくとも「第3正規形」の条件を満たしていることを目標にする場合が多い.「第3正規形」であることが必須の条件ではないが,このあたりはリレーショナルデータベースの理論的な部分なので,本書では割愛するが,興味があれば探求されたい.

また,データベースは,ビジネスボリュームの拡大とともに拡大する.システム

がライフサイクルとともに成長し，どのデータが拡大するか．一方，当初のままでライフサイクルをまっとうするデータはどれか，というように，システムのライフサイクルを考えながらデータのライフサイクルを考え，最終的にはデータベースサイズを予測する．途中でハードディスク装置を追加する可能性もあるであろう．この場合も，テーブル設計をほとんど変更せず拡張できることが望まれる．さらに，個々のデータのアクセス権限を考慮し，セキュリティ要件を作り込んだり，バックアップ対象を決めたりするのもこのタイミングであろう．そして，これらすべての機能を検討し終わったとき，データベースの論理設計と，物理設計が出来上がっているであろう．そして，この内容をベースに，今度は，「画面」との繋ぎを行いながら，画面の設計を行う．場合によっては，ここでデータ構造の手直しが必要になるかもしれない．なお，データベースが主体のシステムで，分析や解析など，非定型な業務が求められるシステムであったり，将来，データベースそのものが拡充されていく可能性が高いシステムの設計では，データ指向アプローチが適する場合が多い．

　このように，「要件定義」から「詳細設計」に至る過程で，2つのアプローチ（POA, DOA）を紹介したが，これらのゴールは，最終的には，非常に近い形で実現されることを分かっていただけたであろうか．実現方式には，いろいろなアプローチがあろうが，これを計算機で実現する場合，結局は，あるべき姿になり，よく似たやり方になる．途中の通る道が違っても，出口は同じなのである．

　では，この2つのアプローチをうまく活用することはできないのであろうか．つまり，どちらかがメインのアプローチになるであろうが，もう一方を「別解」として位置づける．この「別解」を考える過程で，メインの方式を考えたときには気がつかなかった，漏れとかアイデアが出てくるであろう．この漏れは，将来はバグとなっていたことであろう．この時点でバグを摘出することができ，品質を向上することができたわけである．これも，前述の「発想を変えた視点」の応用例である．

　このように，プログラムのアルゴリズムを考える際，結局は同じゴールを目指していることが多い．この考え方は，設計だけでなく，デバッグの段階でも活用することができる．つまり，他人が作ったソースコードを読む際，「自分であれば，こう作る」というイメージを持つことが大切である．すると，このイメージとのギャップが見えてくるので，そのギャップを中心に論理を展開し，矛盾点を見つけることができる．「自分なりの思い」にこだわりすぎてもいけないが，頭の中でこのようなシミュレーションを行うことで，自分自身のプログラミング能力の訓練にもな

り，やがて，綺麗で，美しく，頑丈なプログラムが書けるようになるのである．

練習問題　7

【練習問題 7.1】
「プロセス指向アプローチ」のメリットが最も活かされるシステムを選べ．
- ○　銀行の窓口業務
- ○　夜間バッチ処理
- ○　顧客満足度分析システム

【練習問題 7.2】
「データ指向アプローチ」のメリットが最も活かされるシステムを選べ．
- ○　銀行の ATM 端末処理
- ○　顧客嗜好の調査と分析
- ○　オンライントレード業務

【練習問題 7.3】
両アプローチを併用するメリットは何か．
- ○　工数削減
- ○　品質向上
- ○　開発工数削減

【練習問題 7.4】
膨大なデータを処理する必要があり，拡張性も重要視される場合，どちらのアプローチが適切か？
- ○　プロセス指向アプローチ
- ○　データ指向アプローチ

Coffee Break

仕様書

　ソフトウェアの開発では，アジャイルのような手法や自動化が進んだ結果，仕様書が形骸視されているのではないだろうか．また，エンジニアは文章が苦手という先入観で，苦手意識があるのではないだろうか．しかしながら，「仕様書」は必須である．なぜなら，ソフトウェアで実現する機能を仕様書以外で表現することができないからである．もちろん，ソースコードがすべてであるという考え方もあるが，これから新規にソフトウェアを開発する場合，少なくともソースコードは存在しないのである．であるから，仕様書は書かざるを得ない．

　確かに，エンジニアは，叙述的な文章は書けないだろうが，論理的な文章は得意なはずである．いわゆる，ロジカルシンキングとロジカルライティングであるが，実際に仕様書を書く場合，文章で表現することは稀で，図表や箇条書きなどを使って記述する．だから，エンジニアが言う，「文章が苦手」というのは，書きたくないという言い訳に過ぎないのではないだろうか．今日，ロジカルシンキングを鍛えるための，いろいろな書籍や教材がある．これらで勉強するのは否定しないが，最短の学習法は，「図で考える」ことではないだろうか？

- ■　考えをまとめるために図を使う
- ■　人に説明するときに図を使う

という経験があるのではないだろうか．このような考え方の延長線上に，「仕様書」があるとも考えられる．

　また，今後は海外のエンジニアとのコミュニケーションが増える．このような場面では，第5章で説明したUMLを活用したコミュニケーションが考えられる．その意味でも，「図」で考え，「図」が描けることが重要となってくると思う．

第8章

コーディング

コーディングとはプログラムを作ることである．ソフトウェアの開発で，これまでに説明した要件定義，設計は，あくまでも紙の上の話であり，実際に動作するものではない．ソフトウェアの開発では，コーディング作業が，品質を作り込む最後の要である．つまり，コーディングによって，これまで設計したことが，ちゃんと作り込まれているかが，その後のテスト，デバッグの作業に直接的に影響を及ぼすのである．適時，実際のコーディング例を掲載しているが，コーディング例がC言語であることをご容赦いただきたい．

8.1 ソフトウェア開発体制

ソフトウェアを一人のエンジニアで作り上げることはほとんどないであろう．多くのソフトウェアは数名から数十名のチームで開発されることが多い．その場合，そのチームにはいろいろなエンジニアが参加し，それぞれの担当範囲や役割分担を決める．役割分担を決める際，そのエンジニアのこれまでの経験やスキル，キャリア志向などを考慮して決めることが望ましい．そこで，ソフトウェア開発における，プログラマーの経験や，求められるスキルや役割分担についてまとめてみよう（表8.1）．

ここでは，便宜的にプログラマーを以下の4つのレベルに分けて解説する．ただし，経験年数などは，経験する分野やソフトウェアの種類により一概に言えるものではないため参考程度の数値であり，相対的な尺度と考えてほしい．まずは，各レベルのプログラマーの位置づけと目標レベルを表8.1のように定める．

表8.1 プログラマーのレベル

一般プログラマー	まず，「正しく動作する」ことを最大の目標とする．
ベテランプログラマー	後進を指導する立場で，エラーや例外を配慮しながら，複数のプログラムを組み合わせて動作させる．
職人プログラマー	より高い視野に立ち，ソフトウェアだけでなく，ハードウェアの振舞いを考慮して高度な最適化を行う．
達人プログラマー	システム全体を鳥瞰的に概観し，最適な解を求める．マネジメントの補佐的な地位で，技術的な相談役．

表8.2 レベル経験とスキル

	一般プログラマー	ベテランプログラマー	職人プログラマー	達人プログラマー
経験年数	3年未満	3年以上	5年以上	10年以上
求められるスキル	単独でテスト＆デバッグができる	後進を指導できる物理設計	モデル化，論理設計，システムの整合性	システム分析システム最適化
意識するテーマ	正しく動作する例外，エラーメッセージ可視性，効率状態遷移図	最適化（言語仕様）リソース確保／開放フールプルーフフェイルセーフ防衛的プログラミング実行性能チェックポイントundo, redoロールバック, ロールフォワード	最適化（広域）割込みリファクタリング, 再利用メモリ配置, パイプライン[1]キャッシュ, インターリーブガーベージコレクション[2]	システムライフサイクル最適アルゴリズムTCO削減業務改善

①経験とスキル

ベテランプログラマーは，一般プログラマーを指導する立場でもあるが，自らも技術的な探求を進める．特に，エラーや例外を考慮し，高級言語の機能を十分に使い，最適化を行う．また，メモリの確保／解放などに注意を払い，メモリリークを回避するなど，自己防衛的なプログラムにより，信頼性の高いコードを目指す．職人では，割込み，メモリ配置，パイプラインなど，ハードウェアの特性を理解し，それに合致した最適化を施し，ハードウェア環境を意識したプログラミングを行うことができる．達人に至っては，全体最適化がテーマである．システムのライフサイクルを意識して，TCOの削減や，業務改善が目標となる（表8.2）．

②レベル，規模，難易度

次に，それぞれのプログラマーが対象とするソフトウェアのレベルと規模や難易度について見てみよう（表8.3）．ここで，難易度は，第3章で触れたファンクションポイント法における調整値を対応づけている．

一般プログラマーが対象とするのは，モジュールやサブルーチンのようなごく狭い範囲のプログラムであるが，ベテランになると，一般プログラマーを指導しながら，複数のプログラムを組み合わせた範囲となる．さらに職人レベルでは，プログ

---

[1] コンピュータ等において，処理要素を直列に連結し，ある要素の出力が次の要素の入力となるようにして，並行（必ずしも並列とは限らない）に処理させるという利用技術．要素間になんらかのバッファを置くことが多い．ここでは，命令パイプラインのことを指している．命令パイプラインとは，プロセッサ内にあり，同じ回路で複数の命令をオーバーラップさせて実行する．回路は一般にステージに分割されており，命令デコード部，演算部，レジスタフェッチ部などがある．各ステージは一度に，ある1つの命令の処理のうち，自分が担当する部分を処理する．

[2] ガーベージコレクション（garbage collection; GC）とは，プログラムが動的に確保したメモリ領域のうち，不要になった領域を自動的に解放する機能である．「ガーベージコレクション」を直訳すれば「ゴミ集め」，「ごみ拾い」となる．

表8.3 対象とするソフトウェアの規模と難易度

	一般 プログラマー	ベテラン プログラマー	職人 プログラマー	達人 プログラマー
レベル	プログラムレベル	プロセスレベル	タスクレベル	システムレベル
規模	モジュール，関数 サブルーチン （最小ビルド単位）	ミドルウェア ライブラリー プラグイン	マルチプロセス マルチスレッド 組込みモジュール I/Oドライバ	システム全体
種別，難易度 【FPの調整値】	クライアントプログラム Webアプリケーション バッチプログラム 【〜0.7】	オンラインプログラム 通信プログラム フロントエンドプログラム 【0.7〜0.95】	マイクロプログラム 対話型アプリケーション 【0.95〜1.1】	オペレーティングシステム 組込みシステム リアルタイムプログラム 【0.95〜1.25】

ラム間の同期やタイミングなどの考慮も必要となる．達人に至っては，システム全体の最適化を考慮する必要がある．このため，対象とするプログラム領域も，より複雑なものを扱うようになる．

プログラムの種別では，クライアント端末などローカルな環境で動作する単純なプログラムやWebアプリケーションから始まり，オンライン系，通信プログラム，対話型，リアルタイムプログラムを経て，オペレーティングシステムや組込み型のマイクロプログラムなど，複雑で難易度の高いプログラムに至る．

③コーディング

さらに，これらのプログラマーがコーディングに際して考えるべきことや，活用する手法や技術に注目してみよう（表8.4）．

プログラマーのスキルが高くなるにつれて，各レベルにおいて，拠り所とする材料も，より上位レベルの概念になり，追求する目標も変わってくる．視野が鳥瞰的に広くなり，用いる手法や技術範囲がより高度になっていくことが分かるであろう．そして，デバッグや対策については，事後対処的なアプローチ（リアクティブ）から，予防保全的なアプローチ（プロアクティブ）となり，組織的なナレッジマネジメントに繋がる（第10章参照）．

④**テスト＆デバッグ**

最後に，テストやデバッグを担当する場面を想定して，それぞれの役割分担と，活用するツール群について整理してみよう（表8.5）．

一般プログラマーは，既存のツールを活用し，自己が担当した部分の単体テスト

8.1 ソフトウェア開発体制   117

表8.4 コーディング時の考慮

	一般 プログラマー	ベテラン プログラマー	職人 プログラマー	達人 プログラマー
材料	設計書 コーディング規則 命名規則(関数名,変数名)	要件定義書	業務要件	業界動向 システムアーキテクチャ
アルゴリズム	考案,作り込み	評価分析	(部分的改修)	(抜本的改修)
目標	構造化プログラミング	テストのし易さ	デバッグのし易さ (リアクティブ)	保守のし易さ (プロアクティブ)
手法,技術	再帰呼出し クラス化 モジュール凝集度 インタフェース最適化 アサーション 閾値,最大最小値 マクロ化,重複排除	プロセス間交信 抽象化 カプセル化 継承 セキュリティ	同期(タイミング) セマフォ デッドロック回避 クリティカルセクション[3]	自己矛盾の検出 危険予知 実行時エラーの自己検出 リスク対処処理

表8.5 テスト&デバッグでの役割

	一般 プログラマー	ベテラン プログラマー	職人 プログラマー	達人 プログラマー
テスト	ホワイトボックステスト ブラックボックステスト	組合せテスト ドライバ スタブ	総合テスト	システムテスト (出荷,性能,負荷)
デバッグ&対策	シンボリックデバッグ	机上デバッグ シミュレーション	バグ分析,再発防止	恒久的対策立案
ツール	統合開発環境 シンボリックデバッガ デバッグエイド(log) 実行トレース(タイムスタンプ)	バージョン管理 リソース管理 プリプロセッサ活用 テストデータ生成 開発環境構築	ツール連携 自動化 デバッグ環境構築	タイムアウト処理 例外ハンドラ 新規ツール作成

[3] クリティカルセクション(Critical section)とは,計算機上において,単一のリソースに対して複数の処理が同時期に実行されると,破綻をきたす部分を指す.クリティカルセクションにおいては,排他制御を行うなどしてアトミック性を確保する必要がある.リソースの同一性が保証されなくなる可能性がある場合は,クリティカルセクションでは常に排他制御を行う必要がある.

を行う．単体テストでは，ホワイトボックステストやブラックボックステストを行い，プログラム単体で，ほぼ確実に動作するレベルまでデバッグを行う．ベテランは，これらの結果を評価し，ドライバやスタブを使って組合せテストを行う．職人は，より高い立場からテスト＆デバックを眺め，テストの自動化や最適な手法など，テスト，デバッグ環境を見渡すような視野を持つ．達人に至っては，システム全体の運用をイメージし，タイムアウト処理によるデッドロックの回避や，独自のツールを制作してテスト，デバッグ作業を支援する．

8.2 可視性

　プログラムの可視性（visibility）とは，ソースコードの読み易さ，理解し易さである．プログラムは，計算機に演算を指示するものであるとともに，他人に見せて，読んでもらうためのものである．ビジネスの現場では，プログラムを作り，それを一生面倒見ることはありえない．組織の改変などで，プログラムは受け継がれてゆき，その過程でいろいろな人の目に触れ，解読されるのである．そう考えれば，読み易く理解し易いプログラムを書くべきである．

　では，読み易いプログラムとはどんなものであろうか．少し極端な例を考えてみよう．C言語や，FORTRAN，COBOLのような高級言語では，ステップごとに改行を入れたり，インデンテーション（字下げ）を設けて読み易くするが，仮に改行や字下げが一切なかったら，きっと，プログラムを読んで理解しようとは思わないであろう．そこで，一定のルールを作り，それにしたがってコーディングをすることにより，格段に読み易いプログラムになる．もちろん，その場合，処理内容をコメントで解説するなど，付随的な助けについても規定すべきである．有効なコメントを残す手法として，「擬似命令」による概念設計が有効である．擬似命令[4]（pseudo instruction）とは，特定の言語に依存しない形で，処理の流れを文章交じりで表現したものである．以下に一例を挙げる．

---

[4] 高級言語で記述された命令のことであり，機械語における命令に対する用語．機械語で記述された命令は直接にコンピュータへ処理を行わせることができるのに対し，擬似命令はいったん機械語へ翻訳されてからでないと処理の依頼ができないので，このように呼ばれている．

```
パラメータが範囲外であったら，
        エラーメッセージを出力して，終了する
グローバル変数が更新されるのを待って，
10msの間に応答がない場合
        強制終了する
```

> 関数 func () を呼び出し，
> 関数結果が正しい場合
> 　　　　配列 x を関数 index () に渡す．

　実際には，UMLなどを用いてモデリングし，アクティビティ図から実際のプログラムに落とし込む際，各アクティビティを擬似命令で記述する．この段階で，ある程度の構造化を意識して，字下げを使ってアクティビティを記載する．擬似命令で記述することにより，プログラムの骨格が見えてくるであろう．そして，次の段階では，これらの行間にプログラムをコーディングし，擬似命令をコメントとして残すのである．この作業により，実際のプログラムに合致した精度の高いコメントを残すことができるであろう．

8.3　コーディング作法

　プログラムの読み易さや理解し易さは，コーディング規則を定めることだけではない．goto 文の有害説に基づいて構造化されたプログラムやオブジェクト指向に基づく設計，洗練されたアルゴリズムなども読み易さや理解し易さに寄与していることは間違いない．これらについては後で一部を紹介するが，ここでは，見た目を統一することだけに注目して話を進めよう．まずコーディング規則とはどのようなものであろうか．C 言語を例に考えてみよう．一般に，見た目の統一感を確保するためには，次のような項目が考えられる．

■字下げの文字数
■（ ），{ } の使い方
■else if の書き方
■case 文の書き方
■式の多重度の制限
■ループの深さの制限
■サブルーチン，関数のステップ数

　また，コメントの書き方と，記述内容の統一性についても規定すべきである．さ

らに，コメントには，コーディング者の氏名と作成日付や，copyright 表示などを含める場合もある．これらを規則化し，励行するだけでも，かなり読み易いプログラムになるはずである．

8.4 よいコードとは？

それでは，「よいコード」とはどんなものであろうか．まず，次のサンプルコードを見てもらいたい．これは，何を求めるプログラムであろうか，そして，「よい」コードといえるであろうか．

```
int main () {
    int i,j,n=10,x[10][10];
    for (i=1; i<=n; i++) {
        for (j=1; j<=n; j++) {
            x[i-1][j-1] = (i/j) * (j/i);
        }
    }
}
```

理解を助けるため，実行後の配列 x[10][10] を出力してみよう．

```
1000000000
0100000000
0010000000
0001000000
0000100000
0000010000
0000001000
0000000100
0000000010
0000000001
```

これは，10×10の2次元の正方行列（i=jの要素：対角要素が1で，他の要素は0の行列）を生成するプログラムである．ループの最深部を見てもらいたい．iとjがいずれも整数型であるため，iとjが一致する場合（すなわち対角要素の場合），xに1が代入され，その他の場合は0が代入されることが分かるであろう．もっとも，一般的な方法は，以下のように，iとjを比較し，一致した場合に1を，一致しない場合は0を代入するプログラムである．つまり，ループの最深部分は，次のようなロジックのほうが馴染み易く理解し易いであろう．

```
if (i == j)
     x[i-1][j-1] = 1;
else
     x[i-1][j-1] = 0;
```

それでは，このサンプルコードがよいコードか否かについて考察する．最初の例では，アルゴリズム自体，よく考えられており，ある意味，スマートでエレガントであるとも思える．結論から言うと，スマートでエレガントであるが，必ずしもよいコードとは言えないと思われる．少なくとも，企業でのビジネスを目的としたプログラムを書く場合，このようなコードは書くべきではない．その理由は，一見して分かりづらく，誤解を招きかねないからである．要するに，ビジネスでは，分かりやすいことを最優先に考え，効率良く理解し，誤解による後戻り作業を最小限にとどめる努力が必要なのである．

以下に，いろいろなテクニックを紹介するが，すべてにおいて共通して言えることは，まず，そのプログラムが正しく動作することが大前提だということ．その上で，必要に応じてこれらのテクニックを施すが，ここでは，読み易さや理解し易さは，実行効率や技巧性より優先する．

読み易さ，理解し易さを犠牲にした，実行性能の向上や技巧性の追求はタブーである．この原則を誤ると，チームワークでの仕事は成り立たない．言い換えれば，「チームワークを自己満足より優先する」ということである．

8.5 コーディングテクニック

　ここでは，一般プログラマーとして考慮すべき，コーディングテクニックについて解説する．もちろん，これらは一般論であり，対象とするソフトウェアによっては適切でないものも含むので，導入にあたっては，都度の判断が必要である．また，「ベテラン」以上になると，開発環境や動作環境に依存するような特殊なテクニックを使用する場合もあるので，本書の内容とはそぐわない場合もある．ベテラン，職人，達人が使う「技」については，巻末に参考図書を紹介したのでそちらを参照されたい．ここでは，一部の紹介にとどめるが，自己のプログラミング能力を高めるための示唆に富む内容を含むので，ぜひ理解し活用してもらいたい．

　これらのテクニックは，コードを新規に書く場合，あるいは既存のコードを見直し，よりよいものに仕上げる段階，そして，バグの対策としてコードに手を加える際などに考慮すべき事項と考えることもできる．正しく動作することを前提に，必要に応じて以下のテクニックを活用する．一定の経験を積んだ職人はさらに高度なテクニックを使うが，前述で紹介した「正方行列」の例のように，可視性や分かり易さを犠牲にしてしまうかもしれない．達人に至っては，さらに高度な技術を駆使するが，読み易さや理解し易さを損なわず，それでいて美しいコードを書くのである．以下に，陥りやすいミスや品質，読み易さ，効率を考慮したコーディングテクニックを紹介する．

① 括弧の不整合

　もちろん，括弧の不整合はコンパイル時に検出される．したがって，新規のコーディングでは括弧不整合は起こりえないであろう．不整合が起こるのは，デバッグやリファクタリング（コードの改善）を行った場合であろう．複雑な構造の場合，括弧の整合性を見直すために膨大な労力を費やすことになる．転ばぬ先の杖として，作業前にバックアップを取っておくことをお勧めする．

② switch-case 文の break 漏れ

　これも，デバッグでコードを追加／削除する際に起こりうるミスである．しかも，コンパイルエラーにならないので始末が悪い．

```
switch (condition) {
case 1:
        i=1; break;
case 2:
        i=2; break;
case 3:
        i=3; break;
default:
        i=0; err () ; break;
}
```

この例で，仮に，case 2:の分岐処理で break 文が漏れていると，condition が 2 の場合，分岐先(case 2:)に分岐し，i に 2 を代入するが，その後，break せず，以降に続く分岐(case 3：)の処理を実行してしまう．つまり，i に 3 を代入してしまい，予期せぬ結果を招くであろう．

このように，些細なミスで，コンパイルエラーにもならないものは，見逃し易く，検出しづらい．対策として，開発チームの中で，コーディング規約を決めることをお勧めする．もっとも，このルールを愚直に励行することにより，ミスを少なくすることはできるが，ミスを無くすことはできない．

③初期値なし変数

これは，C 言語の言語仕様のウィークポイントでもあるが，内部変数の初期化漏れは，コンパイル時に検出できる場合もあるが，外部変数の初期化漏れに対しては無防備である．

```
a = 10.0;
    :
x = sqrt (a) ;
```

④実数値の一致比較

実数の演算結果には，誤差が含まれるので，このような判定文が意図通りに動作することは，稀であろう．

```
if ((a*b)/5.0 == 2.0)
```

⑤境界条件を明確にする

境界条件の記述部分を簡潔にするとミスが少なくなる．

```
if ((a>b) ||!(a>c))
```

このようなコーディングは，バグの宝庫となりかねない．否定を含む論理式は等価変換（L1 ‖ L2 は ~L1 && ~L2 と等価）して誤解を招かないよう努力をすべきである．

```
if ((a<=b) && (a>c))
```

⑥エラー排除型の構造

たとえば，関数に渡されたパラメータをチェックする際，妥当なパラメータである条件が複雑である場合，判定処理も多岐に渡ることになるであろう．このような場合には，各 if 文の then の部分にエラー処理を行い，else の連鎖をクリアしてきた場合は，妥当なパラメータである，という解釈とする．

```
if (Para == xxxx) {
   err () ;
   else if (Para == yyyy) {
      err () ;
      else {
        （正常処理）
      }
   }
}
```

あらかじめ，このような構造になっていることが分かっていれば，コードを解読する負担が減り，ミスも少なくなるであろう．

⑦ 名称（内部変数は簡潔に，外部変数は分かり易く）

分かり易い名称は，理解を助ける．

```
x_axis
y_axis
abs_value
limit_rate
```

など．

また，グローバル変数には命名規則を付けるべきである．

```
G_array_input
global_profile[index]
```

など．

⑧ 1行1文（Break Point が設定できるように）

```
i = sqrt (x*y*z/ (b+d+e)) +sin (pai*a/2) ;
```

高級言語では，この例のように，複雑な算術式をそのままコーディングすることができる．しかしながら，デバッグの過程で演算の経過を確かめたい場合，つまり，sqrt 関数や，sin 関数に渡す引数の値は正しいだろうか？というデバッグをする場合，以下のように演算途中の値をいったん変数に格納しておく．デバッガで変数内容を確認することにより，計算の途中段階の状態を知ることができる．

```
N1 = x*y*z;
N2 = b+d+e;
S = sin (pai*a/2) ;
i = sqrt (N1/N2) +S;
```

⑨ goto 文有害説（複雑さの低減）

「goto 文有害説」については，前述のダイクストラの著書『構造化プログラミング』以来，幾度となく議論されている．しかしながら，絶対に goto 文を使ってはいけ

ないというのではない．goto 文を使うと，プログラムの構造が複雑になり，可視性も解読性も悪くなるので，「できるだけ goto 文を使わないように」という先人のアドバイスがあるということである．

⑩ **構造が分かる適切な字下げ**

やはり，プログラムを構造化することは，読み易さの最低条件である．前述の「擬似命令」によるアプローチと併せ，ぜひ，マスターしてもらいたいテクニックである．特に，if 〜 then 〜 else の構造，ループ構造，条件判定などは，直感的に構造が読み取れるようにすべきである．

⑪ **do ループの最適化（不変変数の排出）**

ループなどの繰返し処理では，ループの繰返し回数に依存しない，つまり不変の部分が含まれることがある．これらは，ループの中で繰り返し実行する必要は無いので，ループ外に排出し，ループのコスト（実行に費やす時間や手間）を削減すべきである．このような対処を最適化(optimize)と呼ぶが，多くのコンパイラは自動的に最適化を施し，下例のようなコードに変換してコンパイルする．アルゴリズムの可読性を考慮して，関連するコードを隣接させておきたいこともあるであろう．このようなときは，コードはそのままにしておきたい．そのような場合，コンパイラの機能を使って最適化を施すこともできる．コンパイラは，ループ内部で不変のコードを見つけ，ループ外に排出したオブジェクトを生成する．実際，最初からこのような不変コードをループの内側に作り込んでしまうことはないだろう．しかしながらコードの改変を繰り返す過程でこのような「無駄」を無意識のうちに作り込んでしまうのである．

```
do (i=0; i<n; i++) {
    x = a + b;
    y = x * c[i];
}
```

↓ 最適化

```
x = a+b;
do (i=0; i<n; i++) {
    y = x * c[i];
}
```

8.6 一致性

　前項では，いきなりプログラムを読んで解読することを前提に話を進めたが，本来，プログラムを読むのは最後の手段である．プログラムを設計した際，必ず該当プログラムの処理内容について記載した設計書が残っているはずである．この設計書を読むことにより，大まかな処理内容を理解し，それでも分からない場合，初めてプログラムのソースコードを紐解くのである．しかしながら，多くの現場で，このような形ではなくソースコードを解読する場面に遭遇する．これまでの経験の中でも，「設計ドキュメントはありますか？」という問いかけに対して，「はい，これです」と出てきたことは皆無といってもよい．これは，なぜなのであろうか．その答えは，本当に，該当プログラムの設計ドキュメントが存在しないか，たとえあったとしても，現在，稼働しているプログラムの内容と一致している保証がないためである．別の見方をすれば，現存するソースコードがすべてであり「最後の砦」なのである．ちゃんとした開発手順を踏襲して開発されたプログラムは，設計書とプログラムの一致性が保証されているのである．

　では，なぜ，一致しなくなってしまうのか．もちろん，設計書を書いてプログラムを起こした瞬間は一致しているであろう．しかしながら，一度バグが摘出され，ソースコードを修正して対策する．そしてその修正内容が設計書に反映されないまま忘れ去られる．この些細な出来事が，時を経て大きな乖離になってしまい，結局，設計書を役に立たないものにしてしまう．このような事態にならないためには，常に一致化させる努力を怠らないことが必要であり，これはマネジメントの責任でもある．

　余談だが，最近はソースコードから自動的に設計書を作成するツールも存在する．もちろん，コメント欄にそれなりの「おまじない」を組み込む必要があるが，このおまじないを含めて，コーディング規則とすることもできる．これが実現すれば，少なくとも人手によるドキュメント反映という作業から開放されるはずである（章末の Coffee Breark 参照）．

8.7 設計書の書き方

　さて，設計書はどのように書くべきであろうか．すでに多くの企業では，設計書

のテンプレートを準備し，記載すべき項目を漏れなく書き留められるような仕掛けを作っていることであろう．しかしながらその実態は，項目はありながら，実際の記述内容は，「特になし」とか「従来と同一とする」などと，意味のない記載になっていないであろうか．テンプレート化を否定するわけではないが，問題は記載内容である．そこで，記載内容を充実させるために，図表を使って記載することを習得すべきである．図表は，文章以上の情報量を持つ．また図表を用いることで思考が整理され，品質が良くなるものである．

8.8 ドキュメントレビュー

ドキュメントのレビューは，誤字脱字のチェックだけではない．誤植はもちろん，改訂するべきであるし，誤植が多いと設計書の品質も疑われがちである．では，ドキュメントのレビューでは何を確認するべきか．一般的には，該当プログラムの処理内容が理解できるように記載してあるかどうかを確認する．具体的には，入力は何，出力は何，という記載内容であり，この内容は設計書をテンプレート化することで事足りるであろう．問題は内部の処理方式（アルゴリズム）の説明部分であるが，多くを語るより，フローチャートがちゃんと記載されていることのほうが，分かり易さ，理解し易さに繋がるものである．

8.9 フローチャート

昨今，フローチャートを書く機会が少なくなったが，前述のように，処理アルゴリズムを正しく伝え記録するためにはフローチャートに勝るツールはないのではなかろうか．一言でフローチャートといっても，JIS規格（JIS X 0121-1986）で定められた形式や，PAD形式など，いろいろな形式がある．形式自体は，使い慣れた形式でかまわないが，フローチャートで記載する過程を残しておくべきである．

練習問題 8

【練習問題 8.1】
プログラムの可視性の向上に弊害となる項目を選べ．
- ○ 字下げ
- ○ コメント
- ○ goto 文
- ○ 関数名称の命名規則

【練習問題 8.2】
コンパイラによるコードの最適化で弊害となることを選べ．
- ○ ソースコードレベルでデバックできない
- ○ 実行性能が遅くなる
- ○ 拡張性が無くなる

【練習問題 8.3】
コーディング規約で規程すべき項目を選べ（3つ）．
- □ 使用するエディタソフトウェアの種類
- □ 字下げの文字数
- □ ループの深さ
- □ if 文の記述方法

【練習問題 8.4】
マルチスレッドプログラミングで最も注意すべき項目を選べ．
- ○ デッドロック
- ○ 関数名称
- ○ 応答性
- ○ セキュリティ

Coffee Break

ドキュメント自動作成ツール

　本文でも紹介したが，設計書とプログラムを一致化させるのはエンジニアの責任であり，プロジェクトマネージャあるいは管理者の責任でもあるが，残念ながら，一致している場面に遭遇したことがない．

　そこで，考え出されたのが，「ドキュメント自動作成ツール」．このツールを導入すれば，ソースコードからプログラム修正箇所を設計書に反映する手間から開放され，プログラム修正箇所が「漏れなく」ドキュメントに反映されるはずであった．

　しかしながら，そう単純にはいかない．この機能を実現するためには，ソースコード上にタグなどの特別の記号を用いて，ドキュメントに反映すべき文字をあらかじめ打ち込まなければいけない．完全自動作成ではないのだ．ここで打ち込むのであれば，このタイミングで設計書を改訂すればよいではないか．ドキュメントを手書きで書いていた時代であればまだしも，設計者のデスクには専用のPCが配備された今日，このツールを使って打ち込むか，直接改訂するかの違いであるように思える．当然，このやり方は，ウォーターフォール型開発プロセスなど，厳格に規定されたルールにはそぐわない．

　本ツールは設計プロセスにおいて，ドキュメントが先か，プログラムが先か，を考えさせられるツールである．

第9章

テスト手法

今や、テストをせずに動作するプログラムはないだろう．言い換えれば、ソフトウェアの開発にテスト作業はつきものである．したがって、ソフトウェア工学の見地から、テスト作業をいかに効率良くこなし、品質を確保するかが重要な課題となるのである．

9.1 ブラックボックステスト

ブラックボックステスト(black-box test)とは，関数やモジュールのインタフェース仕様が明らかになっているが中身の処理については明かされていない場合，入力パラメータにいろいろなパターンを設定して，対象プログラムの動作を検証する手法である．後述のホワイトボックステストのように内部処理が見えるわけではないが，入力パラメータを吟味することにより，内部でどのような処理をしているかを想像することが可能であろう．ここでも，ホワイトボックステスト同様，許される入力パラメータをインタフェース仕様から読み取り，閾値や最大値，最小値になるような値はテスト項目として盛り込むべきである．

また，ブラックボックステストの場合は，対象が，関数やモジュールであることが多い．一般に，関数やモジュールでは，与えられたパラメータの妥当性をチェックする処理が組み込まれており，不適切な値を演算することを避ける．この意味で，想定外のパラメータを指定した場合，どのような振舞いをするかにより，対象プログラムのパラメータチェックの考え方が推察できるのである．

9.2 ホワイトボックステスト

ホワイトボックステスト(white-box test)とは，中身を見ながら行うテストのことである．プログラムの単体テストのテスト項目を抽出する際，対象プログラムのソースコードを見ながら抽出する手法である．つまり，ソースコードが見えるということは，プログラムの繰り返し，反復，条件判定などの詳細な条件を見ながらテスト項目を抽出できるので，テスト条件の設定が容易であり，かつ正確な条件設定ができる．たとえば，以下のようなソースコードでは，条件判定の閾値前後で正しい分岐ができているかなどをテスト項目として抽出することが可能となる．

```
if (i < 0) {

}
```

この例では，テスト項目として，i ≧ 0 の場合と i < 0 の場合をテスト項目として抽出することができる．プログラムのミスの多くは，このような限界値，閾値でのコーディングミスである．たとえば，この例では，次のようにコーディングしてしまったら，当然，意に反したプログラムの動きとなるであろう．

```
if (i <= 0) {

}
```

このような些細なミスはテスト前に摘出すべきであるが，意外に見逃してしまうことが多い

9.3 テスト十分度

テスト十分度を測る指標として，「テスト網羅率」がある．これは，文字どおり以下の式で求められる．

> テスト網羅率 ＝ テスト実施ステップ数 / 総ステップ数

「テスト網羅率100%が理想である」と考えられるが，むやみに100%を目指すことは，必ずしも得策ではない．つまり，100%を達成するためには，多大なテスト項目を抽出する作業が強いられ，さらに，テストに要する絶対時間も必要となる．と言っても，テストをサボることを推奨しているのではない．品質とのかね合いや，コストとのバランスを考慮せよ，ということである．つまり，100%に満たなくても，以下のような考え方で品質を担保することができるのである．

今，条件判定文が2段連鎖するような論理を考えてみよう（図9.1）．
この一連の条件判定では，以下の4つの場合があることが分かるであろう．

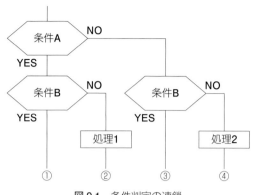

図 9.1　条件判定の連鎖

①条件 A，条件 B とも成立する場合
②条件 A が成立するが，条件 B が成立しない場合
③条件 A が成立せず，条件 B が成立する場合
④条件 A，条件 B とも成立しない場合

　そこで，この処理のテスト項目としては，最低，上記の4つのパターンをテストすれば十分であるという考え方ができる．ここで，「最低」と表現したのは，条件 A が成立する場合も一通りではないということを意味する．すると，これらの組合せを考えると無限大の組合せが考えられ，これらのすべてを実施することが不可能となってしまう．そこで，現実的な解として，最低4つのパターンを実施すれば，すべての判定ロジックを試験したことになり，テストは十分であろうということになる．

　ただし，この考えは，次のことを前提としている．それは，条件 A を成立させる要因は無視することである．仮に条件 A を成立させるパターンが2種類あったとしよう．すると，上記の4パターンのうち，条件 A が成立するパターンは，実は，さらに2通りの場合が考えられることになる．このように，成立する条件の連鎖を考えると，その組合せは，やはり無限大となってしまう．

　そこで，ソフトウェア工学的な目的は，実現可能なテスト網羅率を求めることであるから，このような条件の連鎖は現在，注目している条件判定文だけに注目し，4つのパターンで十分と考えるのである．この4パターンを「Ｃ１カバレージ」と呼び，別名「判定条件網羅」と呼ぶ．一方，Ｃ１カバレージより緩和された指標として，「Ｃ０カバレージ」と呼ばれる指標がある．こちらは命令網羅率とも呼ばれ，上記の例では，②と④だけで十分と考える指標である．

9.4 統計情報

　ここで，テストに関する統計情報を紹介しよう．これは，米国のとある研究機関が測定したものであるが，業界の平均値として大まかな数値を押さえておくのにも有効であろう．まず，開発段階でのテストによる網羅率は，一般的に50〜60％といわれている．これは，開発段階では，どうしても「正常ケース」（いわゆるクリーンテスト）のテストケースに集中しがちであるためである．テスト網羅率を上げるためには，意識してエラーケースのテスト（ダーティテスト）をする必要がある．テスト項目の抽出に際し，類似の結果となるテストを消化するのではなく，新しい発見（今までと違った結果）を求めてテストを行ったほうが効率良くバグを摘出できる．

　また，バグの分布について，バグの分布は一様ではなく，特定の部位に集中している場合が多い．「8：2の法則」を適応すれば，「80％のバグは，全体の20％の部位に集中している」ということになる．極端な例だが，85％のバグが1つのモジュールに集中していたケース（著者の体験）もあった．すなわち，バグの対策に費やされるコストを考えると，「20％のバグに80％の作業工数が費やされる」ということである．

　参考までに，バグを要因別に分析した結果を紹介しよう（**図9.2**）．これによれば，バグの多くは，いわゆるコーディング不良（プログラミングミス）ではなく（これは全体の10％程度），プログラミング以外のフェーズで作り込まれていることが分

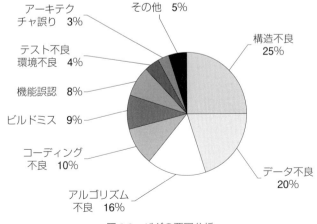

図 9.2 バグの要因分析

かる．たとえばビルドミスというのは，改変済みのソースコードを再コンパイルする際，コンパイルすべきソースコードの版を誤ってコンパイルしてしまったり，あるいは，リンクする実行モジュールやライブラリを誤り，正しいオブジェクトが生成できなかったりすることである．このミスに気がつかず，膨大な時間を無意味なデバッグ作業に費やしてしまうことになりかねない．ソースコードの版の管理，モジュール，ライブラリの管理は，開発環境の一環として確実になされているべきである．

プログラミング以外の要因として大別すると，以下の3大要因が挙げられる．

■業務知識不足
■要求の変動と矛盾
■コミュニケーション不足

ここで紹介しているのは統計情報の一部にすぎない．ぜひ，自社，自部門でこのような情報を採取し，分析を行うことにより，テスト項目の抽出やテストの重点の絞り込みなど，積極的に活用してもらいたい．「野生の勘」ではなく，統計情報に基づいた仕事がしたいものである．

9.5 閾値，最大値，最小値のテスト

ホワイトボックステストおよびブラックボックステストの節でも触れたが，閾値，最大値，最小値の近傍にはバグが隠れている．些細なコーディングミスや思い違いなど，ちょっとした不注意が1件のバグを生む．その結果，バグを摘出し，原因を突き止め，対策，確認に至るまでに膨大な時間と労力が費やされる．テストをきっちり行うことによりバグを摘出するのではなく，プログラムを作り込むタイミングで細心の注意を払ってコーディングするほうが効率的であることは言うまでもない．

9.6 自動化

テスト作業が進み，いくつかのバグが摘出されると，テストとデバッグを並行して作業することを強いられる．このような場合，些細なオペレーションミスで新た

にバグを誘ったり，思い違いで無駄な作業をすることも考えられる．作業者もテストやデバッグに専念し，没頭したいはずであり，その他のルーチンワークはできる限り自動化しておきたい．具体的には，バグが発生したテストプロラムに対する再テストや結果の確認であるが，一度確認したテスト結果があればこれと比較することにより，確認作業は短縮できるはずである．もちろん，計算機を使ってテスト結果を比較すれば，目視で確認することに比べ，格段に早く確実であろう．このように，自動化できる部分はできる限り自動化し，効率を上げるだけでなく，些細な人的ミスを排除したいものである．同様に開発環境やデバッグ環境についても，ミスが介在しないように自動化を進めるべきである．

また，テスト環境や開発環境を構築する際，仮想化システムが注目されている．仮想化システムを使うことにより，コンピュータの物理的なリソースを節約できスピーディに所望の環境を手に入れることができる．

9.7 動機的原因の追及と再発防止策

「事故に学ぶ」ということをよく聞く．これは，いろいろな業種・業界に共通して言えることであるが，事故が起こる背景には根本的な原因があるであろう．このため，バグが摘出された際には，目先の事象を早急に取り除くための対策をすることはもちろん，その根本的な原因を探ることが大切である．一度起こした事故と同種の事故を二度と繰り返さないための対策を講じることは，その後の品質向上にも大きく貢献する．では具体的にどのようにすればよいのであろうか？

入力フォーム画面のバグを例に説明しよう．今，あるバグが発生し，対策を施した後に動作確認ができたとする．このような場合，おそらく，トラブルチケット（トラブルごとに対策状況を管理するシステム）には，以下のように記述されていることであろう．

不具合現象：フォームから不当な数字を指定して送信するとエラー
　　　　　　（エラーコード xxxxx）になる
直接的原因：フォームの入力処理で数字の範囲チェックをしていなかったため
対 策 内 容：入力値が許容範囲内であることをチェックする処理を追加する

この記述内容を見る限り，このバグが発生した直接的な原因は，数字の範囲チェ

ック処理が漏れていたことになる．では，なぜ，チェック処理が漏れたのであろうか？　考えられる原因としては，「詳細仕様書に記載がなかった」，あるいは，「プログラマーのうっかりミス」などが挙げられるだろう．仮に今回の場合は，「詳細仕様書に記載がなかった」とすると，次に「なぜ，詳細仕様書に記載がなかったのか？」という疑問が起こり，「詳細仕様書のベースとなる機能仕様書に記載がなかったからではないのか」という推測が立つ……．バグ対策が終了したら，「ああよかった」で済ませるのではなく，このように，「それは，なぜか」と原因を何段階も掘り下げて考えてみることが大事である．あるいは，「どうすれば，防ぐことができたか？」と考えるのも有効であろう．このようなプロセスを5段階遡ってみると，次のようになる．

```
＜直接的原因＞
フォームの入力処理で数字の範囲チェックをしていなかったため
```
↑それは，なぜか？
```
原因①：詳細仕様書に記載がなかったため
```
↑それは，なぜか？
```
原因②：機能仕様書への記載が漏れたため
```
↑それは，なぜか？
```
原因③：機能仕様書のレビューで漏れが摘出できなかったため
```
↑それは，なぜか？
```
原因④：機能仕様書のレビューを行ったメンバーが適切でなかったため
```
↑それは，なぜか？
```
原因⑤：レビュー当日，依頼した人が欠席で，代理出席であったため
＜動機的原因＞
```

なお，原因を考える際には「〜のため」という表現を使うと，原因らしく表現することができる．段階を追うごとに，バグの発生した原因が，個人や当該部署といった局所的なレベルから，組織，仕組み，ルール，マネジメントといった大域へと広がっていくことが分かるだろう．つまり，この1件のバグの再発を防止するためには，その部分を担当した1人のエンジニアが改めればよいというものではなく，組織的なレベルでの対処が必要だということなのである．

5段階遡った原因を「動機的原因」と呼ぶこととする．この例では，動機的原因として「レビュー当日，依頼した人が欠席で，代理出席であったため」を導き出している．この対策としては，「レビュー会議に先立ち，レビューアとしてキーマンを選定し，キーマンの参加を義務づける」というのは，再発防止策になるであろう．そして，これを明文化し，組織のルールとすることにより，キーマン不在のレビュー会議はなくなり，同種の不具合を撲滅することができるであろう．このように，組織レベルで対策を施すことで，有効な再発防止策になるのである．

　もちろん，個人的な不注意も原因としてあるかもしれないが，それは個人が個々に反省すればよい．実際，バグを作り込んだ本人は，「同じ過ちは，もうやるまい」と深く反省していることであろう（少なくとも私はそう思いたい）．要するに，「バグを作り込んだ奴が悪いのだ」とか，「1人のエンジニアが反省すればよい」という，個人的で属人的な対策を施しただけでは，組織として成長しないということである．個人の責任として片づけてしまえば，組織として学ぶことは何もなくなってしまう．組織として，チームとして，そのバグから「何かを学び取ろう」という姿勢があってはじめて，ノウハウが蓄積され，強い組織へと成長していくのである．要するに，そのバグをチームとして，あるいは組織として防ぐことはできなかったのか，という観点で考えなければ，根本的な再発防止策は導き出せない．

　システムが千差万別であるのと同様に，テスト手法や，テストのやり方など，ソフトウェアの開発環境は一義的ではない．しかしながら，この章で述べた基本的なことを押さえることにより，自社独自のルールや手法を見直し，自社に合った方法が見いだせるであろう．開発環境は「成長する」システムである．このためにも，常に，「改善」の目を光らせていたい．

練習問題　9

【練習問題 9.1】
ホワイトボックステストの目的として適切なものを選べ．
- ○　ソースコードレベルで分岐条件などが正しく判定されることを確認する
- ○　関数やモジュールのインタフェースの確認をする
- ○　システムの負荷テストを行い，信頼性を確保する

【練習問題 9.2】
ブラックボックステストを行うためには何が必要か？
- ○　該当モジュールのソースコード
- ○　該当モジュールのインタフェース仕様書
- ○　該当モジュールのタイミング図

【練習問題 9.3】
判定条件の試験ではどのテストが有効か．
- ○　閾値テスト
- ○　負荷テスト
- ○　組合せテスト

【練習問題 9.4】
テスト終了を判定する条件として考慮すべきものを選べ（3つ）．
- □　テスト十分度（網羅率）
- □　バグ対策状況
- □　消化テスト件数
- □　モジュールのステップ数

Coffee Break

設計とはあきらめること

　この言葉を聞いたのは，最前線でソフトウェアの開発をしていた頃である．メンバーとのミーティングが終わり，参加者が散会するとき，とある先輩が片隅の椅子に腰掛け，もらした言葉であった．先輩は研究所での生活が長く，どちらかといえば研究者タイプであった．設計現場の最先端で理想と現実のギャップに直面し，最終的に「仕様削減」という苦渋の判断をしたのだ．

　設計者は，ある意味「芸術家」の素質を持つ．自身で考えたアルゴリズム，コンパクトで効率良く動作するプログラム，可視性に優れメンテナンスがし易い構造．そして，何よりも，これだけの機能が盛り込まれた申し分ないソフトウェアである．少なからず自負する部分もあるだろう．しかしながら現実は厳しい．設計段階で，過剰な機能であることが指摘されれば，一部の機能をあきらめて削減せざるをえないかもしれない．また，一旦は制作したものの，コスト，納期，バグとの戦いなどで憔悴し，最終的に納期が守れない可能性が高くなると，一部の機能を後回しにしてなんとかリリースに漕ぎ着けることもあるかもしれない．こんなとき，設計者はそのソフトウェアの「生みの親」として，わが子の手足を切り落とすような，切なく辛い思いをするだろう．

　しかし，我々はこれまで，ソフトウェア工学を学んできた．ソフトウェア工学の目的は何だったろうか？　正しく動作するソフトウェアを作り，提供することである．つまり，動かなければ意味がない．提供できなければ意味がない．ソフトウェアを商材と見た場合，ビジネスに組み込まれなければ意味がなく，評価されないのである．理想を追うのではなく，現実を直視しなければいけない．

第 10 章

デバッグ

多くの場合，デバッグに相当の時間が費やされる．時として時間外，徹夜作業など，辛く暗いイメージが付きまとう．しかし，デバッグは究極の知的作業でもある．そして，ソフトウェア工学の立場では，いかに効率良くデバッグを行い，品質を確保するかがポイントとなり，このためには，状況対応力と洞察力が問われるのである．

10.1　リアクティブアプローチ

リアクティブアプローチ(reactive approach)とは，バグが摘出されてから修正するアプローチである．バグの発生タイミングとして，出荷前のテストにおいて摘出される場合と，製品を出荷後に客先で稼働状態で摘出される場合が考えられ，当然，後者のほうが優先度は高くなる．いずれにしても，ほとんどの場合，時間的な余裕の無い状態で，一刻も早い改修作業が求められ，エンジニアには多大なストレスがかかるものである．このような事態にならなければ，それに越したことはない．しかしながら，摘出されたバグは直さざるをえない．特に，出荷前のテストのタイミングでは，テストのやり方を工夫することで，効率良く対処することができる．いやしくもソフトウェア工学を学んだ者は，「出たとこ勝負」で根性論とか精神論を振りかざすのではなく，工学的，組織的，計画的に取り組みたいものである．

たとえば，1件のバグが摘出された場合，同種のバグが潜在的に残存することが予測される．この場合，1件1件を独立して対処するよりも，「関連見直し」を徹底することにより効率的にバグを一網打尽に退治することができる．これは統計的にも証明されており，同一設計者が制作する箇所には，同種のバグが高い確率で存在する．もう一つのアプローチとして，テストケースが適度に均一化されていることが前提となるが，すべてのテストケースを一様に実施する．前章でも統計情報を紹介したが，バグは一部の部位に集中している可能性が高いので，バグの分布を概観することにより，見直しを強化しリソース配分の最適化を図ることができる．デバッグ作業は，一見，受動的なとらえ方をされがちであるが，このようにして，前向きに取り組むことにより，モチベーションの向上にも繋がる．

10.2 プロアクティブアプローチ

プロアクティブアプローチ(proactive approach)とは，前述のリアクティブアプローチの反対であり，「予防保全」の考え方である．つまり，摘出されたバグに対処するのは当り前であるが，ここでは，過去の統計情報を分析することにより，「バグを作り込まない努力」をするのである．先の，同種のバグの関連見直しも同じような考え方ではあるが，バグを摘出して対処するアプローチか，バグを作り込まないよう努力するアプローチかの違いである．

- ■ リアクティブアプローチ：摘出されたものを対処
- ■ プロアクティブアプローチ：バグを作り込まない努力

とはいえ，プロアクティブなアプローチは，過去の統計情報を前提とするため，すぐに実施できるものではない．地道な情報収集が必要となるため，組織的なアプローチも必要となろう．この種のプロセスでは，SECI モデル[1] が紹介される．SECI モデル(Socialization Externalization Combination Internalization) (**図 10.1**)とは，組織内のナレッジベースを拡充する過程をモデル化したものである．

ここで，暗黙知，形式知とは以下のようなものであり (**表 10.1**)，このサイクル

[1] 一橋大学の野中郁次郎氏と竹内弘高氏らが提示した広義のナレッジ・マネジメントのコアとなるフレームワーク．のちに，野中氏は紺野登氏とさらにそのモデルを精緻化させている．知識変換モードを4つのフェーズに分けて考え，それらをスパイラルさせて組織として戦略的に知識を創造し，マネジメントすることを目指す．

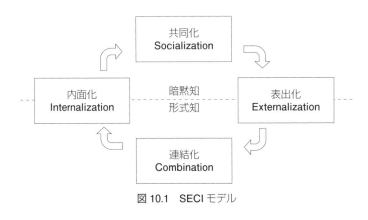

図 10.1　SECI モデル

表 10.1　暗黙知と形式知

暗黙知	勘や直感，個人的洞察，経験に基づくノウハウのことで，言語・数式・図表では表現できない主観的・身体的な知のこと．
形式知	言葉や文章，数式，図表などによって表出することが可能な客観的・理性的な知のこと．

を繰り返すことにより，組織の知識が醸成される．

　このようなサイクルを回すためには，組織的な取組みが不可欠であり，仕組み作りや，意識づけはマネジメントの責務である．

　SECIモデルの考え方は，PMBOK（第14章参照）の「終結プロセス」の考え方に通じるものがある．PMBOKの「終結プロセス」は，プロジェクトを振り返り，その中から教訓やノウハウを抽出して次のプロジェクトに生かそうという考え方である．一般に，マネジメントサイクル（PDCA：Plan Do Check Action）のうち，C（確認）-A（処置）の部分であり，プロジェクトを終え，良かった点，悪かった点を分析，評価し蓄積することにより，次期プロジェクトへのノウハウの継承を行う．つまり，暗黙知を形式知にして，熟成された形式知は暗黙知化していく．これを繰り返すことにより組織の成熟度が上がり，品質の向上が期待できる．

　ここでは，デバッグ作業でのリアクティブなアプローチと，プロアクティブなアプローチを紹介したが，ITIL（第14章参照）においても，「サービスサポート」での「インシデント管理」はリアクティブな活動で，「問題管理」はプロアクティブな活動であると定義づけている．特に，プロアクティブな活動は，SECIモデルにより暗黙知を形式知に変え，ノウハウを蓄積してゆく活動が企業の体質を強化し，やがて企業文化やコアコンピタンスへと熟成するのである．

　デバッグ作業にマニュアルはない．効率良くデバッグするためには，仮説と検証の繰り返しをいかにスピーディにできるかにかかっている．このためには，実機に張り付く時間を最小限にとどめ，「机上」でどこまでシミュレーションできるかにかかっている．

練習問題 10

【練習問題 10.1】
予防保全は，どちらのアプローチと考えられるか．
- ○ リアクティブアプローチ
- ○ プロアクティブアプローチ

【練習問題 10.2】
SECI モデルでの暗黙知を形式知に変える手順を選べ．
- ○ 表出化
- ○ 連結化
- ○ 内面化
- ○ 共同化

【練習問題 10.3】
マネジメントサイクル（PDCA）の「P」の意味は何か．
- ○ Process
- ○ Plan
- ○ Proactive

【練習問題 10.4】
ITIL のインシデント管理は，どちらのアプローチか．
- ○ リアクティブアプローチ
- ○ プロアクティブアプローチ

Coffee Break

「悪魔の囁き」が聞こえる瞬間

　FORTRAN コンパイラのテストをしていたときのことである．FORTRAN はご存知のように，科学技術計算用のプログラミング言語である．したがって，テストプログラムとしても，科学技術計算をするようなものが必要となる．当時，科学技術計算パッケージのソースコードを購入し，これをテストプログラムとした．この物量が，M/T リールで 2 本．ソースプログラムを印刷すると，プリンタ用紙で厚さが 100cm くらいになる．これをコンパイルして，中間コードが正しいかどうかを目視でチェックし，その後，実際に実行させて結果を比較する．実行結果は浮動小数点型なので，マシン依存の誤差が生じる．この誤差の妥当性を検証してテストが完了となる．

　バグがなく，すべてがうまくいった場合でも，丸 1 週間の作業であった．中間コードのプリントアウトは，1 ラウンドあたり 150cm 程度出力される．これを，メンバーで手分けしてチェックすることになる．1 件でもバグが出ると，対策した後，再テストとしてもう 1 ラウンドが始まる．もうかれこれ 2 か月くらい，こんな作業をしており，会社に寝袋を持ってきて，シャワーを浴びるために帰宅するという日々が続いた．プロジェクト室は不夜城と化し，プリントアウトされた用紙で埋まり，用紙にくるまって寝ている者もいる．納期は冷酷に迫ってくる．こんな状態であった．ある設計者がバグを見つけた．次の瞬間，また苦痛の 1 ラウンドと思うと，「もう十分にテストしているではないか，黙っていてもよいではないか」と悪魔の囁きが聞こえる．自分との戦いなのだ．

第11章

SWEBOK

11.1　SWEBOKの概要

SWEBOK (SoftWare Engineering Body Of Knowledge) とは，IEEE Computer Society の主導のもと，ソフトウェアエンジニアリングにおける知識を体系化したものである．これまで，ソフトウェアの開発では，スペシャリストによるマニアックなコーディングや職人芸的デバッグなど，属人的要素が色濃く存在し，人事的な評価が難しいとされていた．ところが，一定の品質を保ったソフトウェアを工業生産的に開発したいというニーズもあり，属人的と思われていたノウハウや知見を集約し，体系づけたのである．この体系化された知識により，エンジニアのスキルを正しく客観的に評価する仕組みを構築することがSWEBOKの目的である．2001年にTrialバージョンが出版されて以来，見直しが繰り返され，2004に第1版が完成した．今後も，4年ごとに見直し改訂が加えられ，ブラッシュアップされる予定である．

11.2　SWEBOKの目標

SWEBOKの目標は，これまでソフトウェア専門職業人を専門職業として人々に認知させることである．専門職業人とは，以下の特徴を有するとされている．

- 教育認定を経て，社会から正当であると認められたカリキュラムによる専門職業教育が行われていること．
- 任意の資格認定，あるいは義務的な免許認定による実践に対する適格性の登録が行われていること．
- 専門に特化したスキル開発および生涯専門職業教育が行われていること．
- 専門職業団体を通じてコミュニティの支援が行われていること．
- 倫理要綱の中でしばしば規定される実施基準の遵守が約定されていること．

そして，SWEBOKのガイドは，以下の5つの目標を持っている．

- ソフトウェアエンジニアリングに関して一貫した考えを世界に広めること．

- コンピュータサイエンス，プロジェクトマネジメント，コンピュータエンジニアリング，そして数学のような他のディシプリンに対して，ソフトウェアエンジニアリングの位置づけをはっきりさせ，境界を定めること．
- ソフトウェアエンジニアリング・ディシプリンの内容の特徴を示すこと．
- ソフトウェアエンジニアリング知識体系へ，トピックスに従ってアクセスできるようにすること．
- カリキュラムの開発，個人の資格認定，および免許のために必要となる基礎を提供すること．

このうち，5番目の目標は，認定試験などの準備を示唆するものである．

11.3 知識領域

SWEBOKでは，次の10の知識領域(KA：Knowledge Area)とそれを構成する副知識領域を定義している．ここでは，10の知識エリアについて簡単な説明をする．

①ソフトウェア要求

■ソフトウェア要求の基礎

ソフトウェア要求の基礎では，ソフトウェア要求を定義することが目的である．ソフトウェア要求の基礎には以下のトピックス要素を含む．

■要求プロセス

要求プロセスでは，前述のソフトウェア要求を導入するにあたり，以下の副領域を定義している．

■要求抽出

要求抽出は，ソフトウェア要求の生成される源はどこかを示し，エンジニアがどのように収集するかについて定める．

■要求分析

要求分析では，競合する要求を見つけて解決し，ソフトウェアの境界を明らかにすることにより相互の作用を見いだす．また，システムの要求を吟味し，ソフトウェア要求を導き出す．この過程では要求折衝（トレードオフ）によりクラス分けを行い，要求の妥当性を確認しながら概念モデルを作り上げる．

■要求の仕様化

導出した要求を仕様化する．仕様化とは，設計目標を数値化し，制限値を検討することである．
- ■要求の妥当性確認

  これまでに導出した要求の妥当性を確認するプロセスである．
- ■実践上考慮すべきことがら

  要求プロセスはソフトウェアライフサイクルの全般に渡って広がっており，プロセスを進める過程で適時，変更し，メンテナンスを施す必要がある．

②ソフトウェア設計
- ■ソフトウェア設計の基礎

  ソフトウェア設計の役割と範囲を理解するための概念，観念，用語を定義する．
- ■ソフトウェア設計における主要な問題

  ソフトウェア設計における主要な問題を定義し対処方法を定める．
- ■ソフトウェア構造とアーキテクチャ

  ソフトウェアシステムを構成するサブシステム，コンポーネントおよび，これらの関係を記述する．
- ■ソフトウェア設計品質の分析と評価

  ソフトウェア設計における品質と評価に関して記述する．
- ■ソフトウェア設計のための表記

  ソフトウェア設計の成果物を表現する方式について言及する．
- ■ソフトウェア設計戦略および手法

  設計プロセスを実施する手法について言及する．

③ソフトウェア構築
- ■ソフトウェア構築の基礎

  ソフトウェアの構築に関する考え方を示し，構築のための準備，変化に対する対処などについて言及する．
- ■ソフトウェア構築のマネジメント

  ソフトウェア構築のプロセスの管理方式を示す．
- ■実践上考慮すべきことがら

  ソフトウェアの構築に関し，構築の方式など，考慮すべきことについて言及する．

④ソフトウェアテスティング
- ■ソフトウェアテスティングの基礎

  ソフトウェアのテストに関し，基礎的な定義，基礎的な用語，主要な課題につ

いて言及する．
- ■テストレベル
  テストの目的を明らかにし，対象およびレベルを規定する．
- ■テスト技法
  ホワイトボックステスト法，ブラックボックステスト法など，ソフトウェアエンジニアが記憶すべきテスト技法について言及する．
- ■テストに関係した計量尺度
  テスト結果の評価について規定する．
- ■テストプロセス
  テストを実施する上での心構えや，マネジメントの仕方について言及する．

⑤ソフトウェア保守
- ■ソフトウェア保守の基礎
  ソフトウェアの保守に関し，役割や範囲，基礎的な用語，主要な課題について言及する．
- ■ソフトウェア保守における主要な課題
  ソフトウェアの保守における主要な課題を明らかにし，対処するためのマネジメントやコストの見積もり，また保守作業の数値化について述べる．
- ■保守プロセス
  ソフトウェアの保守に関し，利用できる参考文献を示す．また，保守のアクティビティについて言及する．
- ■保守のための技法
  保守に関する各種の技法を紹介する．

⑥ソフトウェア構成管理(SCM：Software Configuration Management)
- ■SCM プロセスのマネジメント
  プロダクトの構成要素を識別し，変更のマネジメントについて言及する．
- ■ソフトウェア構成識別
  ソフトウェア構成管理の対象を識別しベースラインを作り，維持，管理する．このアクティビティを支援するのがソフトウェアライブラリである．
- ■ソフトウェア構成コントロール
  ソフトウェア構成の変更をマネジメントするプロセスについて言及する．
- ■ソフトウェア構成実態説明
  ソフトウェア構成実態説明(SCSA)について言及する．ソフトウェア構成実態説明は，ソフトウェア構成を効果的にマネジメントするための情報と報告のプ

ロセスである.
- ■ソフトウェア構成監査
  ソフトウェアプロダクトおよびプロセスが,定められた規定,標準,ガイドライン,計画および手続きに合致しているかを監査する.
- ■ソフトウェアリリース・マネジメントおよび引渡し
  リリースとは,ソフトウェア構成要素を開発アクティビティ外に配布することである.リリースの対象は,顧客に限定せず社内への配布も含まれる.配布に伴い,版の管理などが含まれる.

⑦ソフトウェアエンジニアリング・マネジメント
- ■始動および適用範囲の定義
  ソフトウェアエンジニアリングプロジェクトを指導するために決定を行う.
- ■ソフトウェアプロジェクト計画
  マネジメントの視点から,ソフトウェアエンジニアリングを成功に導くための準備を行う.
- ■ソフトウェアプロジェクトの計画実施(enactment)
  計画に沿ってソフトウェアエンジニアリングを行う.
- ■レビューおよび評価
  要求が充足していることをソフトウェアプロダクトが評価する.
- ■終結
  ソフトウェアエンジニアリングの終結を決定する
- ■ソフトウェアエンジニアリング計量
  組織の成熟度を高める目的で,終結したアクティビティの計量を行い記録する.

⑧ソフトウェアエンジニアリングプロセス
- ■プロセスの実現および変更
  プロセスを組織的に実施するための基盤を確立し,マネジメントサイクル(PDCA)を回すことを保証する必要がある.
- ■プロセス定義
  ソフトウェアライフサイクルのモデルを決め,プロセスを決める.各プロセスの実施にあたり,成果物のあり方を決める.
- ■プロセス査定
  査定モデルと査定方式を決める.
- ■プロセスおよびプロダクト計量
  プロセス実施中の計量および分析方法について言及する.

⑨ソフトウェアエンジニアリングのためのツールおよび手法
　■ソフトウェアエンジニアリングツール
　　ソフトウェアエンジニアリングツールは，ソフトウェアライフサイクルプロセスの支援を目的とし，ツールを適用することにより，エンジニアの負荷を低減し，より創造的な活動に集中できるようにする．
　■ソフトウェアエンジニアリング手法
　　ソフトウェアエンジニアリングの手法として，発見的手法，形式的手法，プロトタイピング手法を紹介している．
⑩ソフトウェア品質
　■ソフトウェア品質の基礎
　　ソフトウェア品質に関する考え方や，品質評価とコスト，品質改善の方法について言及する．
　■ソフトウェア品質マネジメントプロセス
　　ソフトウェア品質をマネジメントするプロセスを確立し，品質の検証，妥当性の確認，監査について言及する．
　■実践上考慮すべきことがら
　　ソフトウェア品質のマネジメントを実施するための各種の技法や方式を規定する．

　また，11.2 節の目標に掲げている「他のディシプリンとの境界を識別」では，関連するディシプリンとして以下の8つを定義している．

（1）コンピュータエンジニアリング
（2）コンピュータサイエンス
（3）マネジメント
（4）数学
（5）プロジェクトマネジメント
（6）品質マネジメント
（7）ソフトウェアエルゴミクス
（8）システムエンジニアリング

練習問題 11

以下の文を読み，設問（**練習問題11.1～11.3**）に答えよ．

　SWEBOKの目的は，「ソフトウェア工学に関する［①］を集約し体系づけ，［②］のスキルを正しく［③］に評価する仕組みを構築すること」である．

【練習問題11.1】
空欄①に入れるべき語句を選べ．
- ○ 経験則
- ○ 知見
- ○ ノウハウ

【練習問題11.2】
空欄②に入れるべき語句を選べ．
- ○ 開発者
- ○ エンジニア
- ○ プロジェクトマネージャ

【練習問題11.3】
空欄③に入れるべき語句を選べ．
- ○ 客観的
- ○ 具体的
- ○ 主体的

【練習問題11.4】
SWEBOKの知識領域の数は幾らか．
- ○ 9
- ○ 10
- ○ 12
- ○ 15

Coffee Break

IT 系資格試験に思う

　SWEBOK に関し，資格試験が予定されているようであるが，IT 系の資格試験について考えて見たい．最近，IT 系の資格試験が氾濫している．この背景には，受験産業と呼ばれるドル箱産業があるためであろう．それはさておき，試験は，教育や学習の効果を測定する手段として有効ではあるが，資格を取得することだけに注力するのは，いかがなものであろうか．巷には資格取得を謳った教材が氾濫している．確かに，「合格」に向けた最短距離を最短時間で走りゴールする過程では一定の知識は得られるであろう．しかしながら，ある研究では，短期間に詰め込んだ知識は短期間で忘れるとの報告もあり，合格後，その知識が実際には使えない場合も少なくないのではないか．もちろん，いったん，知識として蓄えられたものは，教科書を紐解けばよみがえってくるので，必要に応じて現場で活用し，実用に耐える知識となるであろう．

　勉強することを否定するわけではないが，もう少し基本をしっかりと押さえ，いろいろな応用を身につけ，じっくりと構えた息の長い教育が望ましいのではないだろうか．このような学習や経験の結果，資格試験に合格するレベルに達していれば，試験を受ける．つまり，これまで地道に独学した自分に対するご褒美と考えたい．

　もっとも，企業としても「資格手当」という形で社員のモチベーションを刺激している背景もあるであろう．しかし，エンジニアたるもの，自分を磨くことに喜びを感じ学習したいものである．

第12章

特許

システムの開発では，しばしば知的財産の話に触れることがある．これは，特許をはじめ，著作物の権利に関する話であるが，開発したシステムを権利化する目的と，他社の特許に抵触しないための活動に大別される．ここでは，著作権などの考え方について一定の知識を得ることを目的として，特許をはじめとする知的財産権の概要を解説する．

12.1 知的財産権

特許の話をする前に，知的財産権について簡単に説明する．まず，言葉の定義であるが，「知的財産基本法」など，関連法規では以下のように定義している．関連法規からの抜粋であり，少々難しい文章であるが，ご容赦いただきたい．

「知的財産」とは，
　発明，考案，植物の新品種，意匠，著作物その他の人間の創造的活動により生み出されるもの（発見又は解明がされた自然の法則又は現象であって，産業上の利用可能性があるものを含む．），商標，商号その他事業活動に用いられる商品又は役務を表示するものおよび営業秘密その他の事業活動に有用な技術上又は営業上の情報をいう．

「知的財産権」とは，
　特許権，実用新案権，育成者権，意匠権，著作権，商標権その他の知的財産に関して法令により定められた権利又は法律上保護される利益に係る権利をいう．

「産業財産権」とは，
　知的財産権の内，特許権，実用新案権，意匠権，商標権をいう．

「特許」とは，
　自然法則を利用した技術的思想の創作のうち高度のもの．出願から最長20年間保護．

「実用新案」とは，
　自然法則を利用した技術的思想の創作であって，物品の形状，構造又は組合せに係るもの．出願から最長10年間保護．

「意匠権」とは，
　物品（物品の部分を含む）の形状，模様若しくは色彩又はこれらの結合であって視覚を通じて美感を起こさせるもの．登録から最長20年間保護．

「商標権」とは，

文字，図形，記号若しくは立体的形状若しくはこれらの結合又はこれらと色彩との結合であって，業として商品を生産し，証明し若しくは譲渡する者がその商品について使用するもの，又は業として役務を提供し若しくは証明する者がその役務について使用するもの．登録から原則 10 年間保護．

「著作権」とは，

著作者に対して，著作権の対象である著作物を独占排他的に利用する権利を認めるもの．著作権は著作物の創作と同時に発生し，著作者の死後 50 年（あるいはそれ以上）まで存続する．

「著作物」とは，

思想又は感情を創作的に表現したものであって，文芸，学術，美術又は音楽の範囲に属するものである．

このうち，ソフトウェアの開発と関連性が深いのは，著作権と特許権であろう．

12.2 著作権

著作権は，著作物の模倣や複製を防止することを目的とし，ソフトウェアの著作者に著作物の独占的な使用権を与え保護する．著作権は，著作人格権と著作財産権に大別され，著作人格権は，著作者本人が著作物を著作した時点で発生するものであり，以下の権利を有する（表 12.1）．

一方，著作財産権は，創作の時点で著作者個人が専有するが，譲渡，相続することができる．また，著作物を特定の利用者が取り扱う上で発生する権利を「著作隣接権」と呼び，以下のようなものがある（表 12.2）．ただし，特定の利用者や利用形態により所有できる権利は異なるので注意されたい．

このように，著作権の周辺には多くの隣接権が存在し，多くは著作権保持者との

表 12.1 著作人格権に含まれる権利

公表権	未発表の著作物を公に発表する権利
氏名表示権	著作物の公表の際に著作者の氏名を表示する権利
同一性保持権	著作物の公表の際に著作者の意に反して改変されない権利

間で，「利用許諾契約」を締結し，権利の行使を明文化する．パッケージソフトウェアに代表される有償ソフトウェアは，メーカー（著作権者）とユーザ（利用者）との間で交わされた「利用許諾契約」と考えられる（図12.1）．

また，販売店などが介在する場合，メーカー（著作権者）と販売店（再販者）との間で「複製権」，「（再）販売権」などを含む，「ライセンス契約」が締結される（図12.2）．

このように，著作権には，単に著作権者が持つ著作財産権だけでなく，該当著作物が流通し，利用される段階でいろいろな隣接権が存在する．第三者が著作物を取り扱う場合，これらの権利関係を考慮し，著作権者および権利保有者の権利を侵害しないよう注意が必要である．

表12.2　著作隣接権

複製権	著作物を複製する権利
上演権および演奏権	著作物を公に上演したり演奏したりする権利
上映権	著作物を公に上映する権利
公衆送信権	著作物を公衆送信したり，自動公衆送信の場合は送信可能化する権利．また，公衆送信されるその著作物を受信装置を用いて公に伝達する権利
口述権	言語の著作物を公に口述する権利
展示権	美術の著作物や未発行の写真の著作物を原作品により公に展示する権利
頒布権	映画の著作物をその複製によって頒布する権利
譲渡権	著作物を原作品か複製物の譲渡により，公衆に伝達する権利（ただし映画の著作物は除く）
貸与権	著作物をその複製物の貸与により公衆に提供する権利
翻訳権，翻案権	著作物を翻訳し，編曲し，若しくは変形し，又は脚色し，映画化し，その他翻案する権利

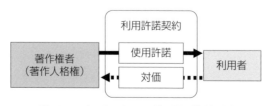

図12.1　メーカーとユーザの間の権利関係

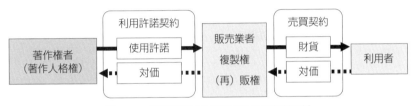

図 12.2　販売業者が介在する場合の権利関係

12.3　特許権

　開発したソフトウェアに含まれるアイデア（発明）を特許庁に出願し，創造的で高度な技術的創作であることが認められると，特許権が与えられる．特許権は，出願後最長 20 年間，このソフトウェアを独占的に使用することができる権利である．システム開発と特許について考えてみよう．システムを開発すると，新しい技術を使ったり，いろいろとアイデアを出しながら開発を進めたりするものである．しかしながら，このアイデアを特許として出願するにはそれなりの戦略が必要なのではなかろうか．実際の設計者は，ただでさえ時間がないところで頭をひねって設計しているわけで，「では，特許を出願してください」とはなかなか頼みづらい環境にあることも事実である．そこで，戦略的な特許を出願するための手法を紹介する．まず，設計者やプロジェクトマネージャ，さらにはマネジメント層に特許の優位性を理解してもらうことが重要である．さもないと，「時間がない」ということで見送りになってしまう．

　ここで，発明とは，「自然法則を利用した技術的思想の創作のうち高度のもの」と定義され，特許として登録する場合，以下の要件を満たすことが必要である．

- 特許法上の発明であること（特許法 2 条 1 項）
- 産業上利用可能性があること（特許法 29 条柱書）
- 新規性を有すること（特許法 29 条 1 項）
- 進歩性を有すること（特許法 29 条 2 項）
- 先願に係る発明と同一でないこと（特許法 39 条）

12.4 ネタの発掘

　次に重要なのは，特許出願に漕ぎ着ける環境を整備することである．ネタの抽出や，その後の専門家（弁理士）との相談の場を設けるなど，環境面でのサポートも重要となる．では，実際のプロジェクトでは，どのように特許出願をしているのであろうか．特許は大きく分けて「ビジネスモデル特許」と「技術特許」に分けられる．ビジネスモデル特許は，別名，方式の特許であり，多くはビジネス要件の中に潜在する可能性がある．システムのライフサイクルを考えれば，ビジネス要件を検討するタイミングで，ちょっとした時間を作ってネタの発掘をすることができる．より広範な部署のメンバーを集めブレーンストーミングを行う．その場合，各処理プロセスについて，

■なぜ，このプロセスが必要か？
■他の手段でできないか？
■処理の順序を逆にしたらどうなるか？

など，自問自答を行う．すると，なぜであろうという素朴な疑問や，発想の転換によるアイデアの創出ができるのである．ひょっとすると，このような過程で思わぬバグを摘出することもできるかもしれない．

　プロジェクトのどこかで，このような時間を設けることは無駄ではないはずである．次に技術特許の場合（ここでは，ソフトウェア特許に限定する），もう少し後の工程で，ネタを発掘する場を設ける．一番最適なタイミングは，詳細設計が固まり，仕様書をレビューするタイミングであろう．レビューには，少なからず有識者や知見者が募るので好都合である．レビュー会議の議題の中に組み込んでしまうのもよいであろう．

12.5 弁理士の活用

　最後に，ネタを育て，膨らませる場の提供である．上記のネタの発掘の場で，ちょっとしたアイデアがあった場合，「こんなものは特許にはならない」と諦めるのではなく，弁理士に相談することを勧める．その理由は，弁理士はプロであるからである．プロの観点で，そのアイデアを特許ネタとして磨き上げ，膨らませること

ができるのである．その過程で，特許の必要条件である「新規性」についても吟味が加えられ，さらには，同種の出願や公知例などを検索してもらうこともできる．この作業は，プロに任せるべきである．その意味で，弁理士とのチャネルの構築や，予算の確保など，特許出願の場を提供することはマネジメントの責務である．

　本章では，特許権をはじめ，著作権関連の考え方について解説した．システムを開発する場合，これらの知的財産権だけでなく，いろいろな法律が関連してくるが，これらについては，次章で別途解説をする．著作権に関する知識を活用し，自己の権利を主張するとともに，他者の権利を尊重するフェアなマインドを持ったエンジニアになっていただきたい．

練習問題　12

【練習問題 12.1】
特許の有効期間は，出願から何年間か．
- ○　5 年間
- ○　7 年間
- ○　20 年間
- ○　50 年間

【練習問題 12.2】
<u>誤っている記述</u>を選べ．
- ○　特許は，高度な技術的思想の創作を保護する．
- ○　著作権を主張するためには届出が必要である．
- ○　実用新案は特許と併願することができる．

【練習問題 12.3】
<u>誤っている記述</u>を選べ．
- ○　有償ソフトウェアを購入すると利用許諾契約を締結することになる．
- ○　ソフトウェアの販売店は著作権者から販売権を取得する必要がある．
- ○　著作権の公表権は，著作隣接権に含まれると考えられる．

【練習問題 12.4】
特許の登録要件としてふさわしくないものを選べ．
- ○　産業上利用可能であること
- ○　新規制があること
- ○　進歩性があること
- ○　低価格であること
- ○　先願の発明と同一でないこと

Coffee Break

ネタ発掘会議

　特許ネタの発掘は発想の転換である．ネタ発掘会議では日常の業務から離れ，自由な雰囲気の中でブレーンストーミングを行う．その際，ただ，「発想を転換してください」と言っても，なかなかできないであろう．そこで，ホワイトボードに，次の6つを羅列する．

1. 「代用する」
2. 「組み合わせる」
3. 「大きくする」
4. 「小さくする」
5. 「取り除く」
6. 「逆にする」

　特許は，「ゼロベース」ではなく，既存の技術をベースに「一ひねり」することで，新たな価値が生まれれば，まさに「新規性」となるのである．実際，明細書では，

① 公知例として既存の技術を述べ，
② ここには課題があり，
③ 本発明ではこの課題を解決する．

という調子で記述し，審査官に「新規性」を訴え，アピールするのである．

第13章

法律

システムの開発に関して，各種の法律を意識する必要がある．ここでは，これらの法律の概要を解説する．ただし，各法律の条文レベルの内容を解説するのではなく，法律の目的や，関連する場面を知り，いわゆる，「リーガルマインド」を持つことを目的とする．特許や著作権については前章で述べているが，ここでは，それ以外の関連法規について言及する．ソフトウェア工学とは直接関連がないかもしれないが，仮に何らかの法的な問題が起きた場合，プロジェクトが予定どおり完遂しない可能性は高い．つまり，法的なリスクを考えなければならないのである．このためにも，何がリスクになり得るかを知り，対処を考えることは，業務遂行上，必要なことなのである．

13.1 契約

ソフトウェアの開発を外部に委託したり，外部のメンバーと協力しながら開発するような場合，少なからず，「契約」の締結が必要になる．ソフトウェア開発に関わる契約は，ほとんどの場合，「請負契約」，「委任契約」，「派遣契約」のいずれかとなる．これらの契約の違いにより，それぞれの立場や，利害関係が異なってくるので，これらの違いを把握し，違法行為とならないように注意する必要がある．

①請負契約

契約作業の範囲や，成果物が明確に定義され，対価を見積もり，合意が得られた場合，契約が締結される．受注者は，約束した納期までに成果物を納入する義務を負い，発注者は，納品物に対する対価を支払う義務を負う．請負契約では，発注側と受注側の規模により，下請け代金法を遵守する必要がある場合がある．下請け代金法とは，請負契約を締結する際，発注側（大手）と受注側（中小企業）の会社規模により，受注側が一方的に不利な条件になることを避けるためのもので，発注内容の文書化や，適正な代金の支払いなどを発注側に義務付けている．

②委任契約

契約作業の範囲や成果物を明確にすることが困難な場合，発注側にも受注側にもリスクがある．この場合，作業に費やした人件費を出来高払いとするような契約形態が望まれる．それが委任契約である．特に，上流設計やフィジビリティスタディなど不確定要素が多い作業では，この形態をとる場合が多い．

なお，委任契約は成果物の完成責任がないため，業務懈怠により，目的を達成し

ない場合も考えられる．法律では，これを回避するため，受任者に「善管注意義務」を負わせている（民644条）．「善管注意義務」というのは法律用語であるが，「善良な管理者の注意をもって委任業務を処理する業務」のことであり，委任者は受任者を専門家と見込んで委任しているので，その信頼に応える仕事をしなければならないという趣旨である．

③**派遣契約**

労働者派遣法に従い，派遣業者から労働者の派遣を受け入れる場合がある．

派遣とは，派遣先の管理監督のもとで作業をすることであり，派遣先会社から指揮命令をしても構わない．これらを比較してみよう（**表13.1**）．

請負契約では，明確に成果物が定義されており，請負先の事業者は，この成果物を完成させることに責任を負い，対価は成果物により決められている．委任契約や派遣契約では，成果物は定義されておらず，成果物の完成責任はない．このため，委任契約や派遣契約では，成果物に対する責任を負わせることはできない．また，派遣契約では，作業者に対して委任者が指揮命令を出すことができるが，請負契約や委任契約では作業者に指示命令をするような行為は違法行為となる．特に，プロジェクトの進捗状況が思わしくない場合，ついつい，担当者に注意を促すこともあるだろうが，この言動が指揮命令と受け取られることもある．普段，何気なく行っている言動が，場合によっては違法行為となりかねないのである．

このように，同じ職場で，同じプロジェクトメンバーとしてソフトウェアの開発に携わっていたとしても，それぞれの契約形態により，責任範囲や取扱いは異なり，場合によっては違法行為になる可能性があるので注意が必要である．

表13.1 契約形態による違い

	請負契約	委任契約	派遣契約
成果物（完成責任）	あり	なし	なし
下請け	可能	不可	多重派遣禁止
指揮命令	受任者	受託者	委託者
対価	成果物に対する対価	実働時間×単価	実働時間×単価
作業場所	委託者が指定	委託者が指定	委託者が指定

13.2 個人情報保護法

　個人情報保護法が施行になって以来，いろいろなところで「個人情報」が話題になっている．個人情報保護法について簡単に触れておこう．個人情報とは，名前や住所など個人を特定することができる情報であるが，顧客情報など業務用のコンピュータでこのような個人情報を取り扱うことが多くなった．この取扱いについては，会社ごとにルールを定め，違法行為とならぬよう，従業員に対して教育啓蒙を行う必要がある．

　個人情報とは，「生存する個人に関する情報であって，当該情報に含まれる氏名，生年月日，その他の記述により特定の個人を識別することができるもの」と定義されている．また，個人情報データベースなどを構成する個人情報のことを，「個人データ」と称する．個人情報データベースとは，個人情報を含む集合体であり，コンピュータを用いて検索できるよう体系的に構成したものである．

　これらの個人情報データベース等を事業用に提供している者を「個人情報取扱事業者」と言う．なお，個人情報データベース等の件数が5000件を超えない場合は除外される．個人情報取扱事業者は，以下の義務を負う．

（1）個人情報を取り扱うにあたっての利用目的の特定及びその通知または公表
（2）利用目的の範囲内での取り扱い
（3）個人情報の適正な取得
（4）個人データの正確性の確保
（5）安全性の確保
（6）第三者への提供の制限
（7）本人関与

　ソフトウェアの開発現場では，個人情報の取り扱い規則に則り作業しなければならない．また，業務アプリケーションが個人情報を扱う場合，セキュリティ面の考慮を十分に行う必要がある．また，テストデータの取り扱いにも注意を払う必要があるだろう．

　なお，2015年に改正個人情報保護法が施行された．改正のポイントは以下の6点である．

（1）「個人情報の定義の明確化」

（2）「適切な規律の下で個人情報の有用性を確保」
（3）「個人情報の保護を強化（名簿屋対策）」
（4）「個人情報保護委員会の新設およびその権限」
（5）「個人情報の取り扱いのグローバル化」
（6）「その他改正事項」

これを受け，具体的な変更点として以下が挙げられる．

・5000人分以下の個人情報を取り扱う小規模な事業者にも適用される
・個人情報を取得する場合は，あらかじめ本人に利用目的の明示が必要
・個人情報を第三者提供する場合は，あらかじめ本人から同意が必要
・個人情報保護委員会への届出が必須
・第三者提供の事実と対象項目，提供方法，望まない場合の停止方法の提示
・「要配慮個人情報」は，オプトアウトでは提供できない

ここで，「オプトアウト」とは，「オプトイン」に対応する言葉で，本人の同意が得られた状態を「オプトイン」と言い，同意が得られていない状況での特例のことを「オプトアウト」と言う．改正法では，「オプトアウト」に関するルールがより厳格になった．また，「要配慮個人情報」という概念が提示され，ここには，「人種」，「信条」，「病歴」などのセンシティブな情報が含まれる．

13.3　労務関係法

　IT業界に限らず，労働者を雇用している会社では，労働者との間の雇用契約が存在するが，この雇用契約のみならず，労働者を守るための基本的なルールとして以下の法律が存在する．

　これらの法律は，ルールという意味で，異常な勤務状態や不健全な職場関係を制限し是正する効果はあるが，そもそも，そのような状態にならないように制御すべきである．また，このような状態を察知したり，制御したりするための数値的データが重要である．つまり，ここでも数値化が重要であり，残業時間や勤怠状況を統計情報として採取することにより，判断材料として使うこともできる．

　昨今，少子高齢化や働き方改革の名のもとに，定年制の見直しや，在宅勤務やテレワーク，育児，介護など，労働者の働く環境が多様に変化していく可能性がある．

このため，これらの業務システムを支える情報システムを設計運用する場合も一定の知識が必要となる．そこで，関連法規の動向をチェックすることも重要となるが，実務レベルの課題や対処については，社会保険労務士（社労士）や弁護士などの専門家に相談し，連携することが得策である．

①労働基準法

終業時間，休日に関する最低限のルールが示されており，その上で，各会社の「労働者就業規則」が定められている．すべての従業員は，この「労働者就業規則」の内容をベースに雇用契約を締結して入社しているはずである．

昨今，「過労死」が問題になっている．労働災害として認められるか否かも重要な問題ではあるが，そもそも，そのような状態になっていたこと，そして，それに気がつかなかった職場の問題ではないだろうか．このような状態に至る前に何らかの「シグナル」があるものである．このシグナルに気づき，事前に対処することが重要である．その意味で，管理者はメンタルヘルス[1]に関する知識も必要となる．

②労働組合法

企業内に労働組合が組織されている場合，労働組合法が関係する．労働組合とは，使用者である企業と雇用者である従業員の間で，労働者の経済的地位を向上させることを目的に組織されるもので，両社の関係調整を図る．労働組合と使用者の間では，「労働協約」が取り交わされ，労働条件などが記載される．先の「労働者就業規則」は，労働協約に反しない範囲で制定されている必要がある．また，使用者に対し，以下の行為を不当労働行為として禁止している．

■黄犬（Yellow dog）契約

労働者か労働組合に加入しないこと，または労働組合から脱退することを雇用条件とする雇用契約（黄犬契約）をしてはいけない．英語で yellow dog には「卑劣なやつ」という意味があり，労働者の団結を破り，使用者の圧力に屈する形で雇用契約を結ぶ行為を非難するニュアンスが込められている．

■団体交渉の拒否

正当な理由なく団体交渉を拒否してはいけない．

■運営経費の援助

労働組合の結成，運営を支配介入し，または労働組合に対して経理上の援助をしてはいけない．

■関与による不利益な扱い

労働者が労働組合に加入していること，または関与していることなどを理由と

---

[1]「心の健康」のこと．特別な精神疾患を患う人の問題だけに限定されるものではない．「心が健康である」とは，前向きな気持ちを安定的に保ち，意欲的な姿勢で環境に適応することができ，イキイキとした生活を送れる状態のことである．

して，その労働者を解雇したり，不利益な取扱いをしてはいけない．

③男女雇用機会均等法

女性の進出と活躍が多くなり，特に IT 業界では他業種に比べ割合が多い．男女の雇用機会は均等であるべきと同法が定められているが，一方では，母性保護という課題も多い．また，産休を含め育児は，今や女性だけの話ではない．

④育児介護休業法

少子高齢化が進み，育児や介護は，男女を問わず考えなければならない課題である．事業者としても，育児，介護のための休暇制度を導入するなどの対応が進んでいる．条件などが整えば，従業員が休暇をとる権利があるが，制度面だけでなく，現場での理解があってはじめて成り立つものである．

13.4 製造物責任法（PL 法）

PL 法（製造物責任法）は，製造物の欠陥により，人の生命，身体または，財産に被害が生じた場合の製造業者等の責任に関する法律である．製造物責任法での欠陥とは，

- 設計上の欠陥
- 製造上の欠陥
- 指示，警告上の欠陥

があり，製造業者等は，これらの欠陥を出さない努力をしなければならない．その一環で，製品マニュアルなどに使用上の注意などが書かれているのを見たことがあるであろう．

ソフトウェアやサービスは，「製造物」とは定義されておらず，製造物責任法の対象外である．ところが，一部の組込み型の製品では，ソフトウェアもハードウェアの一部としてみなされ，製造物責任法（PL 法）の対象と考えらているので，注意が必要である．また，製造業者等の範囲には，製造，加工，輸入した者，商号や商標を表示した者も含まれる．

13.5 コンプライアンス

①会社法

2005年，これまでの民法，商法などが統合整理され，「会社法」が施行された．ここでは会社の機関である，株主総会，取締役などの企業の形態に関するルールを定め，会社の設立，定款，株式の取扱いなどを規定している．

②取締役

会社法では，取締役の役割として会社の業務を執行し，対外的に会社を代表する者と定めている．取締役は，会社からこれらの業務を委任されており，13.1節の契約で説明したように受任者として「善管注意義務」を負い，忠実に職務を行う義務を負う．同法は，取締役と会社の利害が衝突しないよう，以下の規程を定めている．このような取締役の行為により，会社の利益を害する可能性があるからである．

■競業避止義務

取締役が，会社の営業内容と同様な取引を行う場合，株主総会などで承認を得る必要がある．

■利益相反取引（自己取引）

取締役が会社から金銭を借り入れたり，自らが会社と取引する場合，株主総会などで承認を得る必要がある．

③その他

企業取引では，それぞれの利害関係が存在し，それらを司るのは，担当者である従業員であることが多い．従業員には，担当業務を遂行する上で必要な権限が与えられ，判断することができるが，その権限を越えて判断したり，個人の利益を絡めて判断することは越権行為であり，法令遵守（コンプライアンス）に反する．業務上の法令遵守は，ここですべてを説明できるものではない．贈収賄など新聞紙上を騒がせるような汚職事件から，ゴルフの接待，経費の精算，空出張，インサイダー取引，セクハラ，パワハラ，さらには，情報持出し，違法コピーに至るまで多岐に渡り，多種多用である．企業内で働くビジネスマンとしては，法律，社内のルールや規則を守ることはもちろん，法令遵守の意味を理解し，社会的良識に則った行動を心がけたい．

本章では，ソフトウェア開発の現場で意識すべき法律知識について触れた．職場

には，法務を担当する部署があるなど，開発現場では，法律，法規の深い知識を持ち合わせる必要はないかもしれない．しかしながら，昨今，ソフトウェアの開発においても，開発体制の多様化や，ソフトウェア自身の権利関係などがより複雑化し，法律，法規に関係する場面が増えてきている．知らないでは済まされないのである．このため，最低限の法律知識を持ったエンジニアが求められるのである．

練習問題　13

以下の文を読み，設問（**練習問題 13.1〜13.3**）に答えよ．

個人情報とは，「［①］個人に関する情報であって，当該情報に含まれる氏名，［②］，その他の記述により［③］を識別することができるもの」と定義されている．

【練習問題 13.1】
空欄①に入れるべき語句を選べ．
- 顧客の
- 生存する
- 特定の

【練習問題 13.2】
空欄②に入れるべき語句を選べ．
- 出身地
- 生年月日
- 性別

【練習問題 13.3】
空欄③に入れるべき語句を選べ．
- 具体的な人格
- 特定の個人
- 個人の住居

【練習問題 13.4】
請負契約に関する記述として正しくないものを選べ．
- 成果物が定義される．
- メンバーに指揮命令を出すことができる．
- 作業内容を下請けに委託することができる．

Coffee Break

海外との付き合い方

　筆者自身，あまり海外に目をむけていたわけでもなく，この反省も踏まえて言うなら，残念ながら，ソフトウェア産業は輸入産業であることは間違いないだろう．いくつかの国産の優秀なソフトウェアがあることも理解するが，ほとんどのソフトウェアは外国産であろう．

　これは，国内のこれまでの教育課程や，学生の意識によるところが大きい．さらに，国内のいわゆるIT業界の仕事のやり方に起因していると思われる．昨今，ソフトウェア開発の効率化を謳い文句に，オフショアなど，インドや中国などアジア各国にソフトウェアの開発をアウトソーシングするケースが多い．このような施策は必ずしも成功しているとは言えないが，コスト削減という意味では目的を達成しているのであろう．

　しかしながら，考えてみてほしい．このようなソフトウェアの開発をアジア諸国にアウトソーシングすることが進んでいったら，一体，日本人は何をするのだろうか？　もちろん，要件定義やシステムのアーキテクトなど，上流設計やプロジェクトマネジメントは国内で行うことになるだろうが，はたして「物作り」の経験がない人が，上流の設計やプロジェクトマネジメントを行うことが「本当の意味」で可能なのだろうか？　もちろん，PMBOKなどに基づき，「形」は整うだろう．問題は中身である．まさに，「仏作って魂入れず」ではないか，と危惧するのである．

　では，どうすればよいか．「本質を見極めること」だと思う．米国をはじめ，欧米諸国の教育は，この部分が優れている．目先の技術とか，How toに翻弄されず，本質を見抜く力があると思う．その意味で，海外のエンジニアからこのようなスキルを盗み，海外の技術をうまく「輸入」したいものである．

第 14 章

各種の規格との関連

ソフトウェア開発，保守，運用に関する規格として第11章で解説した，SWEBOK がある．ここでは，その他関連する規格を紹介し，それらの関連性や考え方について解説する．

- QMS ISO/IEC9000
- ISMS ISO/IEC27001
- PMBOK
- ITSMS ISO/IEV 20000（ITIL V3）

IT 企業内で，各種の業務に携わる場合，いろいろなルールや基準を遵守しながら作業を進める必要があり，ルールの体系など，概要を把握しておくことが重要になる．個々の規格の内容については個別の解説書を参照されたい．

14.1　ベストプラクティス

ベストプラクティス（best practice）とは，一言で言えば，「自己のベストを尽くすこと」である．情報セキュリティ基準（ISMS），プロジェクトマネジメント知識体系（PMBOK），IT サービスマネジメントに関する基準（ITSMS）など，いろいろな規格の中でこの考え方が採用されている．ベストプラクティスの根底には，基準や規格を「…ねばならない」と高圧的に押し付けても，それを実施する当事者の「成熟度」により，本当に達成できるかどうかは分からない，という考え方がある．そもそも，情報セキュリティとか，プロジェクトマネジメント，IT サービスマネジメントのような知識や技能は，長い年月をかけ，学習と経験を重ねながら徐々に高いレベルを目指すものである．手が届かないようなゴールでは，当初は遵守，尊重できたとしても，息切れしてしまい長続きしないであろう．結局，「手が付かない」状態で放置されてしまう．できないルールを押し付けることが目的ではないはずである．

そこで，手が届きそうなゴールを自ら設定し，達成したら，さらに高いレベルを狙うような取組みを継続的に行うことを推奨している．このため，「…ねばならない」ではなく，「…であるべき」という表現とし，あるべき方法論を「お手本」として示している．この「お手本」は，これまでの多くの経験則や諸先輩の知恵とノウハウの集大成であり，いわば，「…であるべき」という方向性を示す羅針盤であり，参考書でもある．この中から，自己または組織の成熟度を考慮して適合するルール

を取捨選択し,「良いとこ取り」をすればよい.

具体的な利用方法としては,まずは「身の丈にあった」ルールを策定し,当面のゴールを定め,できるところから対処する.そして,継続的な取組みをするための仕組みを作ることにより,やがて浸透し,企業文化として根づいていく.これが,ベストプラクティスの考え方である.

14.2 成熟度

前項の説明で,成熟度という言葉を使った.これは,読んで字の如く,目的を成し遂げるために必要な知識や技能を,どの程度持っているかという度合いのことであるが,企業組織の場合は,知識や技能に加え,企業文化も考慮する必要がある.たとえば,会社の役員からの指示命令がどの程度社内に伝播し,実行に結びつくか,という観点も考慮しなければならない.そう考えると,各社の成熟度はばらばらであり,まず,自組織の成熟度のレベルを正確に把握することがスタートラインであると説明している.そして,ベストプラクティスの考え方をベースに,より高いレベルに継続的に挑戦し続けることを推奨している.この成熟度には以下のモデルがある.

■能力成熟度モデル(CMM: Capability Maturity Model)

ソフトウェア開発における成熟の度合いを示すモデルであり,後に,CMMI (Capability Maturity Model Integration)として統合されており,ベンダ選定の基準などに使われている.レベル3以上がマネジメントされている状態とされ,レベル4でモニタリングの概念が加わり,レベル5では最適化プロセスが機能する(表14.1).

表14.1 能力成熟度モデル

レベル1	プロセスが確立されていない初期段階
レベル2	特定のプロジェクトリーダーや技術者に依存している状態
レベル3	首尾一貫したプロセスを標準として持っている段階
レベル4	標準化されたプロセスを定常的に測定し,洗練化していく状態
レベル5	技術,要件,環境の違いによって標準プロセスを最適化して用いられる段階

表 14.2　COBIT 成熟度

レベル 0	存在しない (Non-Existent)
レベル 1	初歩的 (Initial)
レベル 2	反復可能 (Repeatable)
レベル 3	定義されている (Defined)
レベル 4	管理されている (Managed)
レベル 5	最適化されている (Optimized)

■ COBIT（Control OBjectives for Information and related Technology）成熟度

CMM をベースに「リスク」の概念を取り入れたモデルであり，IT ガバナンス，セキュリティ，プロジェクトマネジメント，IT 調達の分野で適用される．レベル2の反復可能とは手順書が存在することであるが，未承認の状態である．レベル3とは，承認されたマニュアルが存在することである．しかしながら，これだけでは管理のレベルではなく，レベル4の管理では，PDCA のマネジメントサイクルが必要であるとされる（表 14.2）．

14.3　ISO/IEC 9000

ISO/IEC が規定する品質基準である．一言で言えば，「明確な方針・責任・権限のもと，業務プロセスをマニュアル化（手順化）して，それを仕組みとして継続的に実行，検証を行うこと」である．

言い換えてみれば，一定レベルの品質を確保，維持するためには，組織として手順が策定されており，その手順に従い愚直に実行する仕組みがあり，それぞれの部署や社員の責任と権限が明確である必要がある，という考え方である．すべての業務活動は，文書による業務命令に基づき，報告の義務を有する．管理者は，自業務に関し，説明責任（accountability）を有し，記録によるトレーサビリティを確保する必要がある．ISO9000 ファミリーは以下より構成される（表 14.3，表 14.4）．

表 14.3　ISO9000 コア規格

コア規格	
ISO/IEC 9000:2000	品質マネジメントシステム－基本および用語
ISO/IEC 9001:2000	品質マネジメントシステム－要求事項
ISO/IEC 9004:2000	品質マネジメントシステム－パフォーマンス改善の指針
ISO/IEC 19011:2002	品質マネジメントシステムと環境マネジメントシステムの監査指針

表 14.4　ISO9000 主要規格

そのほかの主な規格	
ISO/IEC 10005:1995	品質管理－品質計画書についての指針
ISO/IEC 10006:2003	品質マネジメントシステム－プロジェクトにおける品質マネジメントの指針
ISO/IEC 10007:2003	品質管理－構成管理の指針
ISO/IEC 10012:2003	測定マネジメントシステム－測定手順および測定装置の要求事項
ISO/IEC 10013:2001	品質マネジメントシステム－文書の指針
ISO/IEC 10014:1998	品質の経済を管理するための指針
ISO/IEC 10015:1999	品質マネジメント－教育訓練の指針
ISO/IEC 10017:2003	ISO 9001:2000 のための統計的手法に関する指針

14.4　ISMS ISO/IEC 27001

　情報セキュリティのマネジメントシステムに関する，ISO/IEC の規格である．当初，英国基準である BS17799 から始まり，その後 ISO/IEC に昇格し，さらに ISO/IEC 27001 として内容が見直され更新されている．ISMS(Information Security Management System)の目的は，情報資産に対して以下のセキュリティの 3 要素を維持することである．

- ■C：機密性(Confidentiality)
- ■I：完全性(Integrity)

■A：可用性（Availability）

具体的には，以下に示すような人間系，システム系を包含する広い範囲をカバーしており，各カテゴリーの管理策をベストプラクティスとして提供している．

■セキュリティ基本方針
■情報セキュリティのための組織
■資産の管理
■人的資源のセキュリティ
■物理的および環境的セキュリティ
■アクセス制御
■情報システムの取得，開発および保守
■情報セキュリティインシデント管理
■事業継続管理
■コンプライアンス

昨今，日本の企業でも，このISMSに準拠したセキュリティ認定を取得する動きが活発化している．これは，時代のニーズから必然ではあるが，一方では，
「セキュリティは保険である」とか，
「セキュリティはコストが掛かる」とか，
「セキュリティは金（利益）を生まない」
というような意見も散見される．確かに，ある一面をとらえればそのとおりであるが，現在，セキュリティを抜きにして情報システムは語れないであろう．したがって，セキュリティの重要性をマネジメント層に訴え，理解してもらい，コミットメントをもらうことで，社内でセキュリティを推進する土壌が整う．セキュリティは全社的に取り組むべきテーマであり，これを推進する体制を作ることも必要であろう．第6章でも少し触れたが，システム設計の段階で考える情報セキュリティは，該当システムや該当プロジェクトの範囲となるので，やはり技術的な要件が中心となるであろう．しかしながら，セキュリティは技術的な要件だけではない．特に人間系の管理策（たとえば，社内の機密文書に対するアクセス権やセキュリティ教育）については，個別のプロジェクトごとで対処するより，全社レベルで画一的に対処するほうが効率も良く対処し易いであろう．また，ISMSでは，継続的な取組みにより，ブラッシュアップすることを要求している．これは，システムの拡充もさる

ことながら，人間系に対しては，継続的な啓蒙活動とセキュリティ教育が不可欠であることを意味している．セキュリティは日進月歩である．常に新しい情報を入手し活用していく努力が必要である．

昨今のクラウドサービスへの移行や，個人情報の取り扱いに関する情報セキュリティの規格として，

『ISO/ICE 27017 クラウドサービスのための情報セキュリティ管理策の実践の規範』

『ISO/ICE 27018 PII プロセッサとしてパブリッククラウド内で個人情報を保護するための実践の規範』

『ISO/IEC 27701 プライバシー情報マネジメントのための ISO/IEC 27001 及び ISO/IEC 27002 への拡張』

が追加された．

14.5 PMBOK

米国プロジェクトマネジメント協会（PMI：Project Management Institute）が推奨する，プロジェクトマネジメントに関する知識体系である．PMBOK（Project Management Body Of Knowledge）ガイドは，1996 年に初版が発行されて以来，改訂を重ね，2017 年に発行された第 6 版が最新版である．PMBOK では，プロジェクトを以下のように定義している．

■独自性：特定の目的がある．
■有期性：開始と終了が明確である（定常業務でない）．

そして，段階的詳細化により，ステップを踏んで推進することが特徴とされている．段階的詳細化とは，プロジェクトを進める上で，未経験であったり，技術的な実現方式が決まっていないような不確実性が高い部位について，あらかじめ FS（Feasibility Study）を行い，少しずつ詳細を検討していく手法である．IT システム開発や，ソフトウェア開発のみならず上記に合致するすべての活動を「プロジェクト」としてとらえ，プロジェクトを完成に導くための，プロジェクトマネジメントに関するベストプラクティスを提供する．5 つの基本的なプロセス群と，10 個の知識エリアから構成され，それぞれのプロセスでの成果物を定義することにより，後戻り作業が発生しないようなマネジメントが可能となる．

> **5つのプロセス群**
> （1）立ち上げプロセス群
> （2）計画プロセス群
> （3）実行プロセス群
> （4）監視コントロール・プロセス群
> （5）終結プロセス群

5つのプロセス群は，いわゆるP（計画）-D（実行）-C（確認）-A（処置）のマネジメントサイクルに対応しており，特にプロジェクトおよびフェーズごとに終結プロセスを設け，見直し分析をすることにより，次期プロジェクトおよびフェーズへの糧とすることが特徴である．また，プロジェクトを推進する過程でマネジメントすべき対象を10個の知識エリアとして表している．

> **10個の知識エリア**
> （1）プロジェクト統合マネジメント
> （2）プロジェクト・スコープ・マネジメント
> （3）プロジェクト・スケジュール・マネジメント
> （4）プロジェクト・コスト・マネジメント
> （5）プロジェクト品質マネジメント
> （6）プロジェクト人的資源マネジメント
> （7）プロジェクト・コミュニケーション・マネジメント
> （8）プロジェクト・リスク・マネジメント
> （9）プロジェクト調達マネジメント
> （10）プロジェクト・ステークホルダ・マネジメント

ここで，（10）プロジェクト・ステークホルダ・マネジメントは，第5版から追加された知識エリアである．これまでのプロジェクトでは，プロジェクト単体でクローズした形で，ゴールと成果物が明確に定義されており，プロジェクトマネージャは，Q(Quality)，C(Cost)，D(Delivery)のバランスを取りながら，与えられたゴールを完遂することがミッションであった．しかしながら，昨今の多様性と不確実性を考えると，ゴールがぶれたり，目的がずれてくることもあり得る．そこで，プロジェクト周辺のステークホルダ（利害関係者）とのコミュニケーションを密に

して情報を取得し，手を打つべきだという話である．
　また，第6版では，「タレント・トライアングル」という概念が紹介され，「プロジェクトマネジメントに携わる人にとっての理想的なスキルセット」として提唱された．

- 戦略的およびビジネスのマネジメント(Strategic & Business Management)
- テクニカル・プロジェクトマネジメント(Technical Project Management)
- リーダーシップ(Leadership)

　これは，日本語に置き換えると，「医者」，「学者」，「役者」とも言える役回りではないだろうか．患部を適確に指摘し，戦略に基づいた処方を出し，技術的な課題を正確に捉え，落としどころを意識する．コンフリクトする価値観の中では，各ステークホルダの価値観を調整しながら，時には演技もしなければならないだろう．エンジニアや技術志向のプロジェクトマネージャにとって，多少，ハードルが高いスキルと思われるかもしれないが，ある意味，日本的マネジメントと考えれば，当り前のことかもしれない．

　昨今，PMBOKだけではなく，いろいろな知識体系でも共通的に言えることだが，人間系のスキルセットの必要性が明確に提示されるようになってきた．これは，言うまでもなく，対象とするシステムやプロジェクトが複雑化の一途をたどる一方，多様性や不確実性が増える方向にあることに起因する．このような環境下では，機械的，事務的なマネジメントだけではなく，コミュニケーションを含む人間系のマネジメントが必要になることが容易に想定できるだろう．また，社会のグローバル化に伴い，多国籍のメンバーでチームを組んで仕事をするような場合も多くなり，人種や文化，宗教や価値観を超えてマネジメントする必要も出てくるであろう．

　なお，同協会では，国際的な認定試験を実施しており，これに合格すると，PMP(Project Management Professional)の称号が与えられる．

14.6　ITIL

　1980年代後半，英国政府のCCTA（中央コンピュータ電気通信局，現OGC：Office of Government Commerce）によって公表された，ITサービスマネジメントにおけるベストプラクティスの集大成である．ITサービスマネジメントの目的

を以下に掲げる．

- ビジネスおよびその顧客の現在と将来のニーズに一致した IT サービス
- サービス品質の向上
- サービス提供の長期的なコストの削減

ITIL(Information Technology Infrastructure Library)は，以下の 7 つのカテゴリーについて文書化されたものである．構成され，IT 関連のみならず，財務との関係や顧客との関係，セキュリティやビジネス戦略など広範に及ぶ内容をカバーしている．

（1）サービスサポート
（2）サービスデリバリー
（3）サービスマネジメント導入計画立案
（4）ビジネスの観点
（5）アプリケーション管理
（6）ICT インフラストラクチャー管理
（7）セキュリティ管理

これらのうち，「サービスサポート」と「サービスデリバリー」は，情報システムを保守，運用するプロセスに直接関連し，中核的領域である．以下，それぞれについて，概略を紹介する．

（1）サービスサポート
　日々の日常業務で，ユーザに対し，より良いサービスを提供するための活動である．

　インシデントの発生から，クローズまでのインシデントのライフサイクルに沿って，以下のプロセスが実施される．各プロセスの進捗により，システムの構成情報が参照され，必要に応じて更新される．このシステムの構成情報をデータベースとして管理するのが，構成管理データベース(CMDB：Configuration Management DB)である．そして，すべてを取りまとめ，顧客との窓口の機能を果たすのが「サポートデスク」である．

- インシデント管理
- 問題管理
- 変更管理

■リリース管理
■構成管理

(2) サービスデリバリー

長期的な視野に立ち，サービスレベルの向上とTCO(Total Cost of Ownership)の削減を目的とした活動である．サービスデリバリーには，以下のプロセスが含まれる．

■サービスレベル管理
■可用性管理
■キャパシティ管理
■ITサービス財務管理
■ITサービス継続性管理

これらのプロセスは，サービルレベルとして規定したSLA(Service Level Agreement)を遵守する目的で，サービスレベルを管理(SLM：Service Level Management)する．具体的には，実施中のサービス実態を見比べ，再調整を繰り返しながら，より良いサービスを提供するため，ブラッシュアップを行うプロセスである．また，システムのライフサイクルを意識し，IT戦略に基づき，ビジネスの継続性や設備の改修などの計画を立案し実施する．

なお，最新版であるITILのVer3では，サービスサポート，サービスデリバリーだけでなく広範なITサービスマネジメントの考え方としてISO/IEC9000，ISMS(ISO/IEC27001)，PMBOKを包含する形で拡充され，ISO/IEC20000として規格化されている．

14.7　ITSMS ISO/IEC 20000

ITSMSの前身であるITIL(Information Technology Infrastructure Library)は1980年代後半，英国政府のCCTA（中央コンピュータ電気通信局，現OGC：Office of Government Commerce）によって公表された，ITサービスマネジメントにおけるベストプラクティスの集大成であり，その目的を以下に掲げる．

■ビジネスおよびその顧客の現在と将来のニーズに一致したITサービス
■サービス品質の向上

■サービス提供の長期的なコストの削減

その後，版を重ね，現在は，V3がリリースされているが，ITILの概念が2007年にTSMSとして規格化さた．ISO/IEC 20000-1が要求事項であり，ISO/

表14.5 ITIL V2, V3とITSMSとの関係

ITIL V2	ITIL V3	IT SMS（章番号）
サービスサポート	サービスオペレーション	(6) サービス提供プロセス (8) 解決プロセス
サービスデリバリー	サービストランザクション	(9) 統合的制御プロセス
サービスマネジメント導入計画立案	サービスデザイン	(4) サービスマネジメントシステムの一般要求事項 QMS
ビジネスの観点	サービスストラテジ 継続的サービス改善	(7) 関係プロセス
アプリケーション管理	サービストランザクション	(5) 新規サービスまたはサービス変更の設計および移行
ICTインフラストラクチャー管理	サービストランザクション	ISMS準拠
セキュリティ管理	サービスデザイン	

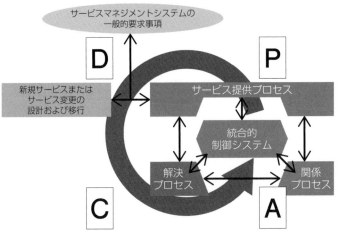

図14.1 P-D-C-Aのマネジメントサイクル

IEC20000-2が実践のための規範（ベストプラクティス集）である．いずれも，ITIL V2の7つ，V3の5つのカテゴリーを踏襲し，ITSMSでは，5つのカテゴリーに整理されている．これらの関係を**表14.5**に示すので確認されたい．そして，セキュリティ部分はISMSに，サービスマネジメントの一部がQMSに統合され，包含する形になっている．

ITSMSの各カテゴリーは，**図14.1**のように，P-D-C-Aのマネジメントサイクルのもとで管理され，それぞれのプロセスはITSMSの第6章から第9章で定義されるプロセス群を含む．

（1）サービス提供プロセス［ITSMS 第6章］

ITSMSの中枢神経であり，サービスを提供するプロセス群である．各種のサービスを提供し，最終的には，計画にSLA(Service Level Agreement)を実現すべく，各種の統制やサービスを提供する．情報セキュリティに関しては，ISMS ISO/IEC27001(14-4)に準ずる．

- サービスレベル管理
- サービスの報告
- 可用性管理
- サービスの予算業務および会計業務
- 容量・能力管理
- 情報セキュリティ管理

（2）関係プロセス［ITSMS 第7章］

ステークホルダとの関係と供給者（ベンダー）との関係を管理する．

- 事業関係管理
- 供給者管理

（3）解決プロセス［ITSMS 第8章］

インシデントの発生から，問題解決，要求仕様およびSLAの見直し（SLMM）に至る，一連のプロセス群であり，情報の一元管理と，マニュアル化による属人性の排除などが求められる．

- インシデントおよびサービス要求管理
- 問題管理

（4）統合的制御プロセス［ITSMS　第9章］

提供するサービスを適正な形で維持管理するためのプロセス群であり，ITSMSの根幹をなす．

- 構成管理
- 変更管理
- リリースおよび展開管理

なお，プロセスではないが，ITSMSの全体を戦略的に方向づけるアクティビティとして，「サービスマネジメントシステムの一般要求事項」が定義されている．ここでは，QMS ISO/IEC 20000(14-3)の概念が織り込まれており，サービスの品質が作り込まれる．ここでは，以下について言及されている．

- 経営者の責任
- 他の関係者が運用するプロセスのガバナンス
- 文書の運用管理
- 資源の運用管理

本章では，いろいろな規格やルールについて概要を説明した．それぞれの規格は広範な内容であり，ここで解説するものではない．今後，IT業界で業務を遂行するにあたり，これらの規格，ルールの存在を意識し，機会があれば探求していただきたい．

練習問題 14

【練習問題 14.1】
手順がマニュアルに定義され，メンバー全員が同等な精度で作業することができる場合，COBIT の成熟度レベルではどのレベルと考えられるか．
- ○ 2
- ○ 3
- ○ 4

【練習問題 14.2】
ISMS でセキュリティの要素として定義されていないものを選べ．
- ○ 機密性
- ○ 耐久性
- ○ 完全性
- ○ 可用性

【練習問題 14.3】
PMBOK のプロセス群として定義されていないものを選べ．
- ○ 計画プロセス
- ○ 見直しプロセス
- ○ 実行プロセス
- ○ 監視コントロールプロセス
- ○ 終結プロセス

【練習問題 14.4】
ITIL における日常の業務は，どちらに含まれるか．
- ○ サービスサポート
- ○ サービスデリバリー

Coffee Break

野生の勘

　ソフトウェア開発の終盤戦,「火消し役」として駆り出されることが多かった. こんなとき, 最初にやることはソースコードの斜め読み. そして, 1, 2時間くらい眺めていると,「このあたりが臭いな」という「臭い」がする. そして, さらに核心に触れる.「ここじゃないですか?」. これが, 結構な確率で当たる. プロジェクトのメンバーからは羨望の眼差しで見られるので,「野生の勘」かな?と, その場はごまかしていた.

　しかし, 実は, これには「コツ」があるのだ. プログラムは, 大きく,「入力」,「処理」,「出力」に分割される.「処理」の部分は, 完全にアルゴリズムの世界. この部分は単体テストでバグをたたき出しているはず.「火消し」が登場するのはテストの終盤であるから, 組合せテストに入ってから, バグが多発して収拾がつかなくなっている場面だ. ということは, モジュール間の「約束」が守られていないわけだ. たとえば, パラメータの型が違うとか, 外部変数の参照タイミングなど, 相手がいる処理がバグを作り込みやすい. そして, 入力処理を見ると, 多くは与えられたパラメータの妥当性をチェックする処理を組み込んでいるであろう. この部分の作り方で, どの程度考えられているかが想定できる. その結果, ちゃんとしているか, チェックが甘いかが分かる. こんなことを見ていると, そのプログラムがどんな箇所でミスっているか, 大方の想像がつき, 臭ってくるのである.

　臭いところを重点的にチェックすれば, かなりの確率で"核心"が見つかるものなのだ.

参考図書

[1] PHP 総合研究所・松下幸之助：『1 日 1 語』，PHP 文庫 (1994)

[2] Edsger Wybe Dijkstra・野下浩平訳：『構造化プログラミング』サイエンス社 (1975)

[3] Brian Kernighan 他・木村 泉訳：『ソフトウェア作法』，共立出版 (1981)

[4] Brian Kernighan 他・木村 泉訳：『プログラム書法』，共立出版 (1982)

[5] Brian Kernighan 他・福崎俊博訳：『プログラミング作法』，ASCII (2000)

[6] Brian Kernighan 他・石田晴久訳：『プログラミング言語 C』，共立出版 (1989)

[7] 秋元芳伸他：『オープンソースを理解する』，ディーアート (2004)

[8] 吉田智子：『オープンソースの逆襲』，出版文化社 (2007)

[9] Andrew Hunt 他・村上雅章訳：『達人プログラマー』，ピアソンエデュケーション (2000)

[10] Steve McConnell・クイープ訳：『Code Complete 第 2 版（上）』，日経 BP ソフトプレス (2005)

[11] Steve McConnell・クイープ訳：『Code Complete 第 2 版（下）』，日経 BP ソフトプレス (2005)

[12] IT トップガン育成プロジェクト：『ソフトウェアエンジニアリング講座 1』，日経 BP 社 (2007)

[13] IT トップガン育成プロジェクト：『ソフトウェアエンジニアリング講座 2』，日経 BP 社 (2007)

[14] IT トップガン育成プロジェクト：『ソフトウェアエンジニアリング講座 3』，日経 BP 社 (2007)

[15] IT トップガン育成プロジェクト：『ソフトウェアエンジニアリング講座 4』，日経 BP 社 (2007)

[16] 鶴保征城：『ずっと受けたかったソフトウェアエンジニアリングの授業 1』，翔泳社 (2006)

[17] 鶴保征城：『ずっと受けたかったソフトウェアエンジニアリングの授業 2』，翔泳社 (2006)

[18] 前川 徹：『ソフトウェア最前線』，アスペクト (2004)

[19] Mary Poppendieck 他・平鍋健児他訳：『リーンソフトウェア開発』，日経 BP 社 (2004)

[20] Barry Boehm 他・河野正幸他訳:『アジャイルと規律』, 日経 BP 社(2004)
[21] Craig Larman・児高慎治郎他訳:『初めてのアジャイル開発』, 日経 BP 社(2004)
[22] Jim Highsmith・平鍋健児他訳:『アジャイルプロジェクトマネジメント』, 日経 BP 社(2005)
[23] 情報サービス産業協会:『情報サービス産業白書 2006』, JISA(2006)
[24] 総務省:『平成 18 年度 情報通信白書』, 総務省(2006)
[25] 初田賢司:『本当に使える見積もり技術』, 日経 BP 社(2006)
[26] 浅井 治:『プログラマーは芸術家であり, 職人だ』, 幻冬舎ルネッサンス(2006)
[27] Russ Miles 他・原 隆文訳:『入門 UML 2.0』, オライリー・ジャパン(2007)
[28] 荒井玲子:『UML は手段』, 技術評論社(2006)
[29] 井上 樹:『いちばんやさしいオブジェクト指向の本』, 技術評論(2007)
[30] P.J. Plauger・安藤 進訳:『プログラミングの壺(Ⅰ) ソフトウェア設計編』, 共立出版(1995)
[31] P.J. Plauger・安藤 進訳:『プログラミングの壺(Ⅱ) 人間編』, 共立出版(1996)
[32] P.J. Plauger・安藤 進訳:『プログラミングの壺(Ⅲ) 技術編』, 共立出版(1996)
[33] 松本吉弘:『ソフトウェアエンジニアリング基礎知識体系 SWEBOK 2004』, オーム社(2005)
[34] 東京商工会議所:『ビジネス実務法務検定試験』, 中央経済社(1998)
[35] Project Management Institute:『プロジェクトマネジメント知識体系ガイド第 3 版』, PMI(2005)
[36] 久手堅憲之:『IT エンジニアのための PMBOK 2004 がわかる本』, 翔泳社(2005)
[37] Office of Government Commerce:『ITIL The key to Managing IT services Service Support』, OGC(2000)
[38] Office of Government Commerce:『ITIL The key to Managing IT services Service Delivery』, OGC(2001)
[39] 青柳雅之他:『ITIL 教科書』, iTEC(2006)
[40] Ivor Macfarlane:『IT インフラストラクチャライブラリの手引き』, it SMF Japan(2001)
[41] Ivor Macfarlane:『IT サービスマネジメント用語集』, it SMF Japan(2001)

推薦図書

[7] 秋元芳伸：『オープンソースを理解する』，Dart（2004）

[9] Andrew Hunt 他・村上雅章訳：『達人プログラマー』，ピアソンエデュケーション（2000）

[10] Steve McConnell・クイープ訳：『Code Complete 第2版（上）』，日経BPソフトプレス（2005）

[11] Steve McConnell・クイープ訳：『Code Complete 第2版（下）』，日経BPソフトプレス（2005）

[12] IT トップガン育成プロジェクト：『ソフトウェアエンジニアリング講座1』，日経BP社（2007）

[13] IT トップガン育成プロジェクト：『ソフトウェアエンジニアリング講座2』，日経BP社（2007）

[14] IT トップガン育成プロジェクト：『ソフトウェアエンジニアリング講座3』，日経BP社（2007）

[15] IT トップガン育成プロジェクト：『ソフトウェアエンジニアリング講座4』，日経BP社（2007）

[16] 鶴保征城：『ずっと受けたかったソフトウェアエンジニアリングの授業1』，翔泳社（2006）

[17] 鶴保征城：『ずっと受けたかったソフトウェアエンジニアリングの授業2』，翔泳社（2006）

[19] Mary Poppendieck 他・平鍋健児他訳：『リーンソフトウェア開発』，日経BP社（2004）

[20] Barry Boehm 他・河野正幸他訳：『アジャイルと規律』，日経BP社（2004）

[21] Craig Larman・児高慎治郎他訳：『初めてのアジャイル開発』，日経BP社（2004）

[22] Jim Highsmith・平鍋健児他訳：『アジャイルプロジェクトマネジメント』，日経BP社（2005）

[33] 松本 吉弘：『ソフトウェアエンジニアリング基礎知識体系 SWEBOK 2004』，オーム社（2005）

[36] 久手堅 憲之：『IT エンジニアのための PMBOK 2004 がわかる本』，翔泳社（2005）

[37] Office of Government Commerce：『ITIL The key to Managing IT services Service Support』，OGC（2000）

[38] Office of Government Commerce：『ITIL The key to Managing IT services Service Delivery』，OGC（2001）

練習問題の解答

【練習問題 1.1】	モチベーションの向上
【練習問題 1.2】	品質，費用，納期
【練習問題 1.3】	ソフトウェアが肥大化し，ソフトウェア技術者が不足する
【練習問題 1.4】	継承，クラス，隠蔽

【練習問題 2.1】	システムの概要，制限事項，納品物
【練習問題 2.2】	費用，納期，品質，技術者のレベル
【練習問題 2.3】	品質は，多くの統計データに基づいて，総合的に判断すべきである
【練習問題 2.4】	システムの故障率の推移

【練習問題 3.1】	低価格
【練習問題 3.2】	文字の色，ヘルプ機能，default 値の選定
【練習問題 3.3】	実行性能
【練習問題 3.4】	パッケージによる開発

【練習問題 4.1】	逆戻りはできない
【練習問題 4.2】	不確実性が高い開発案件
【練習問題 4.3】	ステークホルダの満足
【練習問題 4.4】	緊急度，影響度，対処策

【練習問題 5.1】	クラス図
【練習問題 5.2】	タイミング図
【練習問題 5.3】	配置図
【練習問題 5.4】	タイミング図，状態マシン図

【練習問題 6.1】	人間：男／女
【練習問題 6.2】	相互作用概要図
【練習問題 6.3】	保証品質
【練習問題 6.4】	ISO9000

【練習問題 7.1】　夜間バッチ処理
【練習問題 7.2】　顧客嗜好の調査と分析
【練習問題 7.3】　品質向上
【練習問題 7.4】　データ指向アプローチ

【練習問題 8.1】　goto 文
【練習問題 8.2】　ソースコードレベルでデバックできない
【練習問題 8.3】　字下げの文字数，ループの深さ，if 文の記述方法
【練習問題 8.4】　デッドロック

【練習問題 9.1】　ソースコードレベルで分岐条件などが正しく判定されることを確認する
【練習問題 9.2】　該当モジュールのインタフェース仕様書
【練習問題 9.3】　閾値テスト
【練習問題 9.4】　テスト十分度（網羅率），バグ対策状況，消化テスト件数

【練習問題 10.1】　プロアクティブアプローチ
【練習問題 10.2】　表出化
【練習問題 10.3】　Plan
【練習問題 10.4】　リアクティブアプローチ

【練習問題 11.1】　知見
【練習問題 11.2】　エンジニア
【練習問題 11.3】　客観的
【練習問題 11.4】　10

【練習問題 12.1】　20 年間
【練習問題 12.2】　著作権を主張するためには届出が必要である
【練習問題 12.3】　著作権の公表権は，著作隣接権に含まれると考えられる
【練習問題 12.4】　低価格であること

【練習問題 13.1】　生存する
【練習問題 13.2】　生年月日
【練習問題 13.3】　特定の個人

【練習問題 13.4】　メンバーに指揮命令を出すことができる

【練習問題 14.1】　3
【練習問題 14.2】　耐久性
【練習問題 14.3】　見直しプロセス
【練習問題 14.4】　サービスサポート

付録・関連用語

B-Method：
　AMN（Abstract Machine Notation）という仕様記述言語（兼プログラミング言語）を中心とした形式手法に基づいたソフトウェア開発手法である．B-Methodで使用する形式手法やそのツール群は単にBと呼ぶ．1980年代半ばにフランスのJean-Raymond Abrialが開発したソフトウェア開発ツールで，Z記法をベースとしている．完全性の確保を目的とし，パリの地下鉄無人運行システムに適用された．

仕様記述言語：
　コンピュータを使ったシステム，特にソフトウェアを設計・構築する際に，その仕様を記述するために用いられる言語である．コンピュータ言語の1種で，以下のようなものがある．

- Z言語
- VDM
- SDL
- CafeOBJ
- SpecC言語
- UML

Z言語：
　Z記法ともいい，形式仕様記述言語であり，コンピュータシステムの記述とモデリングを行うために使われる．ZはZF集合論から名前をとって命名された．Zは次のことに焦点を当てている．

- コンピュータプログラムの簡明な仕様の記述
- 意図するプログラムの振る舞いの証明の形式化

ソフトウェアパターン：
　ソフトウェア開発のさまざまな局面において繰り返し現れる出来事や問題から得られる知識を，再利用できるように抽象化・形式化してまとめたもの．ソフトウェア開発に関するコツや知恵，指針などである．

SPIN：
　1980年に米国のベル研究所にて開発が開始された検証ツールであり，線形時相論理(linear temporal logic)に基づき，システムの動作を網羅的にチェックして，プログラムがダウンせず正しく動作することを検証する．非同期分散システムの動作の検証が可能である．

VDM++：Vienna Development Method
　IBMのウィーン研究所で1960年代から70年代にかけて開発された形式手法(VDM)の記述を行うために，欧州連合ESPRIT計画のAFRODITEプロジェクトで開発された．開発された「仕様記述言語」の一種．

UPPAAL：UPPsala university + AALborg university
　時間付きオートマトン(timed automaton)を基礎にしたモデル定義とそのモデルのシミュレーション，モデル検査機能を持ったモデル検査統合ツール．モデル検査のための性質記述には時相論理(temporal logic)の一種であるCTL(Computational Tree Logic)が使われている．さらに正確にはTCTL(Timed CTL)のサブセット．GUIによるモデル定義機能が特徴的．

ソフトウェアメトリックス：
　ソフトウェアの計量をすること．日本情報システム・ユーザー協会(JSUA)により年次の調査が行われている．

形式仕様記述：
　ソフトウェアやハードウェアの実装を開発する際に使用される数学的記述．システムが何をすべきかを記述するものであり，どのように実装すべきかを記述する必要はない．そのような仕様を与えることにより，対象システムが仕様に照らして正しいかどうかを形式的検証技法で判定することが可能となる．システム設計の問題点を早期に検出することが可能となり，実装工程に移って多大な出費をした後の後戻りを防ぐという利点がある．他の手法として建築に使われている方法があり，仕様から設計，設計から実装へと段階的に検証可能なステップを踏んで詳細化させていく方法である．

アスペクト指向：
　ソフトウェアの特定の振舞いを「アスペクト」として分離し，モジュール化するプログラミング技法．オブジェクト指向プログラミングの問題点を補うために考え出された．アスペクト指向プログラミングを導入することにより，既存のコードに手を加えなくて

もプログラム中に散在する特定の機能を持った部分を書き換えることができる．アスペクト指向プログラミング環境は既存のプログラミング言語の拡張機能などの形で提供されているものが多く，Javaを拡張してアスペクト指向プログラミングを可能とする「AspectJ」などが有名．

索　引

欧　語

ACM（Association for Computing Machinery）…… 047
C++ ……………………………………………… 013
CASE（Computer Aided Software Engineering）… 013
CMDB（Configuration Management DataBase）… 190
CMMI（Capability Maturity Model Integration）… 183
COBIT（Control Objectives Information
　　　　and related Technology）……………… 184
COCOMO（COnstructive COst MOdel）………… 041
CRACK（Collaborative, Representative, Authorized,
　　　　Committed, Knowledgeable）………… 060
DFD（Data Flow Diagram）……………………… 039
Dhrystone ………………………………………… 038
ERD（Entity-Relationship Diagram）…………… 039
FDD（Feature Driven Development）…………… 053
FLOPS（Floating point number Operations
　　　　Per Second）………………………………… 039
FP（Function Point）……………………………… 039
FS（Feasibility Study）…………………………… 021
GPL（The GNU General Public License）……… 010
GUI（Graphic User Interface）…………………… 042
ISMS（Information Security Management System）… 099
ISO/IEC 27001（International Organization for
　　　　Standardization 27001）……………… 185
ISO/IEC 9000（International Organization for
　　　　Standardization 9000）………………… 184
ITIL（Information Technology
　　　　Infrastructure Library）………… 027, 190
IVR（Interactive Voice Response）……………… 106
J-SOX（Japanese Sarbanes-Oxley Act）………… 016
LINPACK ………………………………………… 039
LISP（LISt Processing）………………………… 013
MECE（Mutually Exclusive
　　　　Collectively Exhausive）………………… 091
MIPS（Million Instructions Per Second）……… 038
PMBOK（Project Management
　　　　Body Of Knowledge）…………………… 187
PMI（Project Management Institute）…………… 187
redo ………………………………………………… 115
RFP（Request For Proposal）…………………… 022
SE（System Engineer）…………………………… 030
SLA（Service Level Agreement）………………… 099
Smalltalk ………………………………………… 013
SNS（Social Networking Service）……………… 016
SPEC（Standard Performance
　　　　Evaluation Corporation）……………… 039
SWEBOK（SoftWare Engineering Body
　　　　Of Knowledge）……………………… 013, 150
TCO（Total Cost of Ownership）………………… 092
UML（Unified Modeling Language）…………… 013
undo ……………………………………………… 115
WBS（Work Breakdown Structure）…………… 091
Web ……………………………………………… 013
YAGNI（You Aren't Going to Need It）………… 060

あ　行

アーキテクチャ設計（architectural design）……… 092
アイコン化（iconizing）…………………………… 043
IT サービス継続性管理
　（IT service continuance management）……… 190
IT サービス財務管理
　（IT service financial management）…………… 191
IT 成熟度（IT literacy）…………………………… 042
アウトソーシング（outsourcing）………………… 179
アクション（action）……………………………… 075
アクセシビリティ（accessibility）………………… 043
アクティビティ終了ノード（activity end node）…… 076
アクティビティ図（activity diagram）…………… 076
アクティビティの入力／出力
　（activity input/output）………………………… 077
アサーション（assertion）………………………… 117
アジャイル（agile）………………………………… 053
アセンブリ言語（assembly language）…………… 033
アルゴリズム（algorithm）………………………… 128
安定稼働（stable operation）……………………… 027
暗黙知（tacit knowledge）………………………… 145
閾値（threshold）…………………………………… 136
育児介護休業法…………………………………… 175
意匠権……………………………………………… 160
委譲コネクタ……………………………………… 083

依存(dependence) …………………………… 079
5つのプロセス群 …………………………… 188
一般プログラマー …………………………… 114
委任契約 ………………………………………… 170
インサイダー取引(insider trading) ……… 176
インシデント管理(incident management) … 190
インスタンス(instance) …………………… 077
隠蔽(concealment) …………………………… 077
ウィジェット(widget) ……………………… 043
ウォーターフォール(water fall)型開発プロセス … 050
請負契約 ………………………………………… 170
影響度(influence level) …………………… 065
エクストリームプログラミング
　(XP：eXtreme Programming) …………… 053
SECIモデル(Socialization Externalization
　　　Combination Internalization model) … 145
エッジ(edge) ………………………………… 076
演奏権 …………………………………………… 162
黄犬契約(yellow-dog contract) …………… 174
オーバーリーチ(over reach) ……………… 094
オープンソースソフトウェア
　(Open Source Software) ………………… 009
オブジェクト図(object diagram) ………… 079
オブジェクト容量(capacity of object) …… 034
オフショア開発(offshore development) …… 024
オペレーティングシステム(Operating System) … 011
オンサイト顧客 ………………………………… 060
オンラインプログラム(online program) … 116
オンラインマニュアル(online manual) …… 044

か 行

ガード条件(guard condition) ……………… 076
会社法 …………………………………………… 176
開始ノード(development node) …………… 076
開発ビュー(development view) …………… 075
拡張(expand) ………………………………… 075
活性区間 ………………………………………… 080
カプセル化(encapsulation) ………………… 117
ガーベージコレクション(garbage collection) … 115
可用性(availability) ………………………… 099
可用性管理(availability management) …… 191
過労死 …………………………………………… 174
完全性(integrity) …………………………… 099
カンバン方式 …………………………………… 055

関連(relation) ………………………………… 079
擬似命令(pseudo instruction) ……………… 118
技術特許 ………………………………………… 164
機能設計(function design) ………………… 073
機密性(confidentiality) ……………… 099, 185
キャパシティ(capacity) …………………… 093
キャパシティ管理(capacity management) … 191
競業避止義務 …………………………………… 176
共同化(socialization) ……………………… 145
緊急度(emergency degree) ………………… 065
組込み型(embedded) ………………………… 034
組込みシステム(embedded system) ……… 116
クラス(class) ………………………………… 077
クラス化 ………………………………………… 117
クラス図(class diagram) …………………… 077
クリーンテスト(clean test) ……………… 135
クリック(click) ……………………………… 043
クリティカルセクション(critical session) … 117
計画駆動型(plan driven development) …… 053
形式知(explicit knowledge) ……………… 145
検査品質(inspection quality) …………… 097
コア・コンピタンス(core competence) …… 064
公衆送信権 ……………………………………… 162
口述権 …………………………………………… 162
構成管理(configuration management) …… 190
構造化プログラミング(structured programming) … 013
公表権 …………………………………………… 161
コーディング規則(coding rule) …………… 117
goto 文(goto statement) …………………… 119
互換性(compatibility) ……………………… 044
顧客満足度(customer satisfaction measurement) … 099
個人情報 ………………………………………… 172
個人情報保護法 ………………………………… 172
コスト(cost) …………………………………… 013
コピーライト(copyright) …………………… 010
コピーレフト(copyleft) …………………… 010
コミュニケーション(communication) …… 024
コミュニケーション図(communication diagram) … 080
コミュニケーションパス(communication path) … 085
コンティンジェンシープラン(contingency plan) … 061
コンプライアンス(compliance) …………… 176
コンポーネント(component) ……………… 083
コンポーネント図(component diagram) …… 082
コンポジション(composition) …………… 079

コンポジット図(composite diagram) ……………… 082

さ 行

サービスサポート(service support) ……………… 190
サービスデリバリー(service delivery) ……………… 190
サービスレベル管理(Service Level Management) 191
再帰呼出し(recursive call) ……………… 117
サイジング(sizing) ……………… 093
最適化(optimize) ……………… 126
再発防止策 ……………… 137
サムネイル表示(thumbnail) ……………… 043
参加要素 ……………… 080
シーケンス図(sequence diagram) ……………… 080
C言語(C Language) ……………… 013
C0カバレージ(C0 coverage) ……………… 134
C1カバレージ(C1 coverage) ……………… 134
シェアウェア(shareware) ……………… 011
資格試験(qualifying examination) ……………… 157
シグナル送信／受信(signal send/receive) ……… 077
シグニチャ(signature) ……………… 078
システムアーキテクト(system architect) ……… 092
システムアナリスト(system analyst) ……… 092
自然法則 ……………… 160
実用新案 ……………… 160
氏名表示権 ……………… 161
ジャストインタイム(just in time) ……………… 055
集約(consolidating) ……………… 079
守秘義務(confidentiality of information) ……… 024
ジョイン(join) ……………… 076
上映権 ……………… 162
上演権 ……………… 162
詳細設計(detailed design) ……………… 073
状態タイムライン ……………… 082
状態マシン図 ……………… 084
譲渡権 ……………… 162
商標権 ……………… 161
初期故障(initial failure) ……………… 027
職人プログラマー ……………… 114
所有(ownership) ……………… 079
新規性 ……………… 163
信憑性(credibility) ……………… 036
進歩性 ……………… 163
シンボリックデバッガ(Symbolic Debugger) …… 117
スケーラブル(scalable) ……………… 094

スタブ(stub) ……………… 118
ステークホルダ(stakeholder) ……………… 051
ステップ数(number of steps) ……………… 033
ステレオタイプ(stereo type) ……………… 085
スパイラルモデル(spiral model) ……………… 052
成果物 ……………… 170
成熟度 ……………… 182
製造物責任法(PL法) ……………… 175
セキュリティポリシー(security policy) ……………… 099
セクハラ(sexual harassment) ……………… 176
セマフォ(semaphore) ……………… 117
ゼロベース(Zero-Based) ……………… 167
潜在バグ(potential bug) ……………… 036
相互作用概要図(interaction outline chart) ……… 082
操作(method) ……………… 077
属性(attribute) ……………… 077
ソフトウェアエルゴミクス
(software ergonomics) ……………… 155
ソフトウェアエンジニアリングツール
(Software Engineering tool) ……………… 155
ソフトウェア工学(Software Engineering) ……… 008
ソフトウェア構成管理
(SCM：Software Configuration Management) …… 153
ソフトウェア構成実態説明 ……………… 153
ソフトウェア特許 ……………… 164
ソフトウェアの危機(software crisis) ……………… 013
ソフトウェアライフサイクル
(Software Life Cycle) ……………… 020
ソリューション(solution) ……………… 093

た 行

ダーティテスト(dirty test) ……………… 135
タイマーイベント(time event) ……………… 076
タイミング図(timing diagram) ……………… 081
貸与権 ……………… 162
タグ付アイコン(icon with tag) ……………… 083
多重派遣禁止 ……………… 171
達人プログラマー ……………… 114
段階的詳細化 ……………… 187
男女雇用機会均等法 ……………… 175
団体交渉の拒否 ……………… 174
知識エリア ……………… 188
知的財産権 ……………… 160
著作権 ……………… 161

著作物 ……………………………………… 161
著作隣接権 ………………………………… 161
ディシプリン (discipline) ………………… 054
データ指向アプローチ (data oriented approach) 104, 107
データベース (database) ………………… 043
デシジョン (decision) …………………… 076
テスト (test) ……………………………… 025
テスト網羅率 (test coverage) …………… 133
デスマーチ (death march) ……………… 021
デッドロック (deadlock) ………………… 117
デバッグ (debug) ………………………… 025
デバッグエイド (debug aid) ……………… 117
default 値 (default value) ………………… 043
展示権 ……………………………………… 162
テンプレート (template) ………………… 128
同一性保持権 ……………………………… 161
動機的原因 ………………………………… 137
ドキュメントレビュー (document review) … 128
独自性 ……………………………………… 187
特許権 (patent) …………………………… 163
ドライバ (driver) ………………………… 118
ドラッグ (drug) …………………………… 043
トラブルチケット (trouble ticket) ……… 137
トリガー (trigger) ………………………… 084

な　行

内製 (domestic production) ……………… 023
内面化 (internalization) ………………… 145
納期 (delivery) …………………………… 013
能力成熟度モデル
　(CMM：Capability Maturity Model) …… 183

は　行

バージョン管理 (version management) … 117
配置図 ……………………………………… 084
パイプライン (pipe line) ………………… 115
ハイブリッド (hybrid) …………………… 063
バグ (bug) ………………………………… 036
派遣契約 …………………………………… 170
バスタブ曲線 (Bathtub Carve) ………… 027
パッケージ (package) …………………… 023
パッケージ図 (package diagram) ……… 083
発生確率 (probability of occurrence) …… 065
罰則 (penalty) …………………………… 025

8:2 の法則 ………………………………… 135
バッチプログラム (batch program) …… 116
発明 ………………………………………… 160
バリューストームマッピング
　(value storm mapping) ………………… 056
パワハラ (power harassment) …………… 176
汎化 (generalization) …………………… 079
反復型開発プロセス
　(iterative and incremental development) … 053
頒布権 ……………………………………… 162
PC/AT 互換機 (PC/AT compatible) …… 011
ビジネスモデル特許 (Business Model Patent) … 164
表出化 (externalization) ………………… 145
ビルドミス ………………………………… 136
品質 (quality) …………………………… 013
品質基準 (quality standard) …………… 097
品質目標 (quality objective) …………… 097
ファンクションポイント (Function Point) … 039
V 字モデル (V-model) …………………… 050
フールプルーフ (foolproof) ……………… 115
フェイルセーフ (fail safe) ……………… 115
フォーク (fork) …………………………… 076
不確実性 (uncertainty) ………………… 016
複製権 ……………………………………… 162
物理ビュー (physical view) ……………… 075
不変変数の排出 …………………………… 126
フラグメント (fragmentation) …………… 080
ブラックボックステスト (black-box test) … 132
フリーウェア (freeware) ………………… 011
ブリッジ SE (Bridge SE) ………………… 024
プルシステム (pull system) ……………… 056
振舞い状態マシン ………………………… 084
ブレインストーミング (brainstorming) … 091
プロアクティブアプローチ
　(proactive approach) ………………… 145
フロー終了 (flow end) …………………… 076
フローチャート (flowchart) ……………… 128
プログラミング・コンテスト
　(programming contest) ……………… 047
プロジェクト憲章 (project charter) …… 022
プロジェクトマネジメント (project management) … 015
プロセス査定 ……………………………… 154
プロセス指向アプローチ
　(process oriented approach) ………… 105

プロセスビュー(process view) ……………… 074
プロダクト計量…………………………………… 154
プロトコル状態マシン…………………………… 084
プロトタイピング(prototyping) ……………… 052
プロパティ(property)…………………………… 078
フロントエンドプログラム(front-end program) … 116
ペアプログラミング(pair programming) …… 054
ベストプラクティス(best practice) ………… 014
ベテランプログラマー…………………………… 114
ヘルプ(help)……………………………………… 044
変更管理(change management) ……………… 190
ベンチマーク(benchmark) …………………… 039
防衛的プログラミング(defensive programming) … 115
包含(include) …………………………………… 075
保証品質(guaranteed quality) ………………… 097
ホワイトボックステスト(white-box test) …… 132
翻案権……………………………………………… 162
翻訳権……………………………………………… 162

ま 行

マージ(merge) ………………………………… 076
マネジメントサイクル(management cycle) ……… 146
磨耗故障(wear-out breakdown) ……………… 027
マルチスレッドプログラミング
(multi-threading programming) …………… 129
無名オブジェクト………………………………… 080
命名規則(naming rule) ………………………… 117
メッセージ(message) ………………………… 080
メモリ空間(memory space) …………………… 034
メモリ配置(memory location) ………………… 115
メモリリーク(memory leak)…………………… 115
モジュール(module) …………………………… 023
モデリング(modeling) ………………………… 072
問題管理(problem management) ……………… 190

や 行

有期性……………………………………………… 187
ユースケース図(use case diagram) …………… 075
ユースケースビュー(use case view) ………… 075
要件定義(requirement definition) …………… 090
要件定義書(requirement definition book) ……… 021
予測不可能(unpredictable) …………………… 066
予防保全(preventive maintenance) …………… 145
4+1 ビューモデル(4+1 view model) ………… 074

ら 行

リアクティブアプローチ(reactive approach) …… 144
リアルタイムプログラム(real-time program) …… 116
リーガルマインド(legal heart) ………………… 170
リーン(lean) …………………………………… 055
リーンシンキング(lean thinking) …………… 055
利益相反取引……………………………………… 176
リスク管理(risk management) ………………… 061
リスク駆動型開発プロセス
(risk driven development) …………………… 064
リファクタリング(refactoring)………………… 054
利用目的…………………………………………… 172
リリース管理(release management) …………… 190
例外ハンドラ(exception handler) …………… 117
レトロスペクティブ(retrospective)…………… 054
連結化(combination) …………………………… 145
労働基準法………………………………………… 174
労働組合法………………………………………… 174
労働者就業規則…………………………………… 174
ロールバック(rollback) ………………………… 115
ロールフォワード(roll forward) ……………… 115
論理ビュー(logical view) ……………………… 074

シリーズ監修者

本位田 真一（ほんいでん しんいち）

1978 年	早稲田大学大学院理工学研究科博士前期課程修了　工学博士
1978 年	株式会社東芝
2000 年	国立情報学研究所・東京大学大学院情報理工学系研究科教授
現　在	早稲田大学理工学術院教授

監修者・著者紹介（※は監修者）

石田晴久（いしだ はるひさ）（※）

1959 年	東京大学理学部物理学科卒業
1964 年	アイオワ州立大学電気工学科大学院博士課程修了　Ph.D.
1964 年	MIT（マサチューセッツ工科大学）研究員
1966 年	電気通信大学助教授
1970 年	東京大学大型計算機センター助教授
1975 年	AT&T Bell 研究所客員研究員
1982 年	東京大学大型計算機センター教授
1997 年	東京大学名誉教授
2007 年	サイバー大学 IT 総合学部長
2009 年	逝去

慶應義塾大学教授や多摩美術大学教授なども歴任.

著書
『UNIX』（共立出版, 1983 年）,『インターネット安全活用術』（岩波書店, 2004 年）,『改訂新版 コンピュータの名著・古典 100 冊』（編・著, インプレスジャパン, 2006 年）など多数.

訳書
『プログラミング言語 C 第 2 版 ANSI 規格準拠』（共立出版, 1989 年）など多数.

浅井 治（あさい おさむ）

1982 年	名城大学理工学部電気工学科卒業
1982 年	日立プロセスコンピュータエンジニアリング株式会社
2006 年	ソフトバンク株式会社
2019 年	株式会社テックキューブ創業　現在に至る

専門は, ソフトウェア開発, セキュリティ, プロジェクトマネジメント, IT 教育研修. 趣味は, 読書, ドライブ, DIY.
資格は, 技術士情報（工学部門）, MCSE, Oracle Master, IT コーディネータ, PMP, ISMS（ISO/IEC27001）審査員, キャリアコンサルタント, 産業カウンセラーなど.

著書
『プログラマーは芸術家であり, 職人だ』（幻冬舎ルネッサンス, 2006 年）

トップエスイー入門講座 1
実践的ソフトウェア工学　第2版
実践現場から学ぶソフトウェア開発の勘所
© 2019 Osamu Asai　　Printed in Japan

2009 年 5 月 31 日	第 1 版第 1 刷発行	
2019 年 3 月 31 日	第 2 版第 1 刷発行	
2024 年 2 月 29 日	第 2 版第 3 刷発行	

監修者　石田晴久
著者　浅井治
発行者　大塚浩昭
発行所　株式会社 近代科学社

〒 101-0051　東京都千代田区神田神保町 1-105
https://www.kindaikagaku.co.jp

加藤文明社　　ISBN978-4-7649-0587-0
定価はカバーに表示してあります．